또바기와 모도리의

야무진 수학

머리말

수학을 재미있어 하는 아이들은 그리 많지 않다. '수포자(數抛者)'라는 새말이 생길 정도로 아이들과 학부모들에게 걱정 1순위의 과목이 수학이다. 언제, 어떻게 시작을 해야 하는지 고민만 할 뿐 답을 찾지 못한다. 그러다 보니 대부분 취학 전 아이들은 숫자 이해 학습, 덧셈 · 뺄셈과 같은 단순 연산 반복 학습, 도형 색칠하기 등으로 이루어진 교재로 수학을 처음 접하게 된다.

수학 공부의 기본 과정은 수학적 개념을 익힌 후, 이를 다양한 문제 상황에 적용하여 수학적 원리를 깨치는 것이다. 아이들을 대상으로 하는 수학 교재들은 대부분 수학의 하위 영역에서 수학적 개념을 튼튼히 쌓게 하는 것보다 반복되는 문제 풀이를 통해 수의 연산 원리를 익히는 것에 초점을 맞추고 있다. 수학의 여러 영역에서 고차적인 수학적 사고력을 높이고 수학 실력을 향상시키기 위해서는 수학을 처음 접하는 시기부터 수학의 여러 하위 영역의 기본 개념을 확실히 짚어 주는 체계적인 수학 공부의 과정이 필요하다.

『또바기와 모도리의 야무진 수학(또모야-수학)』은 초등학교 1학년 수학의 기초적인 개념과 원리를 바탕으로 6~8세 아이들이 알아야 할 필수적인 수학 개념과 초등 수학 공부에 필수적인 학습 요소를 고려하여 모두 100개의 주제를 선정하여 10권으로 체계화하였다. 각 소단원은 '알아볼까요?-한걸음, 두걸음-실력이 쑥쑥-재미가 솔솔'의 단계로 나뉘어 심화 · 발전 학습이 이루어지도록 구성하였다. 개념 학습이 이루어진 후, 3단계로 심화 · 발전되는 체계적인 적용 과정을 통해 자연스럽게 수학적 원리를 익힐 수 있도록 하였다. 아이들이 부모님과 함께 산꼭대기에 오르면 산 아래로 펼쳐진 아름다운 경치와 시원함을 맛볼 수 있듯이, 이 책을 통해 그러한 기분을 경험할 수 있을 것이다. 부모님이나 선생님과 함께 한 단계씩 공부해 가면 초등 수학의 기초적인 개념과 원리를 튼튼히 쌓아 갈 수 있게 된다.

『또모야-수학』은 수학을 처음 접하는 아이들도 쉽고 재미있게 공부할 수 있도록 구성하고자 했다. 첫째, 소단원 100개의 각 단계는 아이들에게 친근하고 밀접한 장면과 대상을 소재로 활용하였다. 마트, 어린이집, 놀이동산 등 아이들이 실생활에서 경험할 수 있는 다양한 장면과 상황 속에서 수학 공부를 할 수 있도록 구성하였다. 참신하고 기발한 수학적 경험을 통해 수학의 필요성과 유용성을 이해하고 수학 학습의 즐거움을 느낄 수 있도록 하

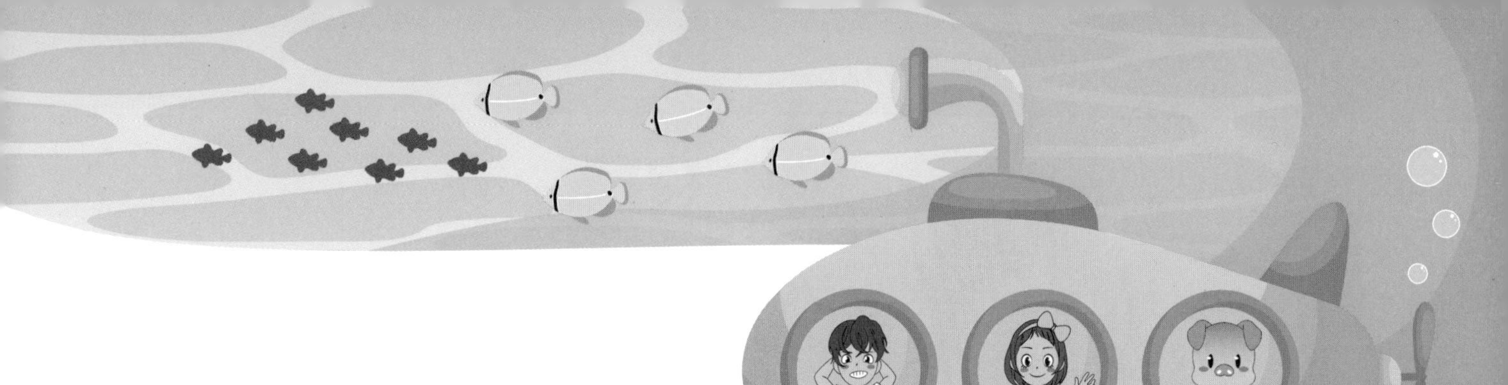

였다. 둘째, 아이들의 수준을 고려한 최적의 난이도와 적정 학습량을 10권으로 나누어 구성하였다. 힘들고 지루하지 않은 기간 내에 한 권씩 마무리해 가는 과정에서 성취감을 맛볼 수 있으며, 한글을 익히지 못한 아이도 부모님의 도움을 받아 가정에서 쉽게 학습할 수 있다. 셋째, 스토리텔링(storytelling) 기법을 도입하여 그림책을 읽는 기분으로 공부할 수 있도록 이야기, 그림, 디자인을 활용하였다. '모도리'와 '또바기', '새로미'라는 등장인물과 함께 아이들은 문제 해결 과정에 오랜 시간 흥미를 가지고 집중할 수 있다.

수학적 사고력과 수학 실력을 바탕으로 하지 않으면 기본 생활은 물론이고 직업 세계에서 좋은 성과를 얻기 어렵다는 것은 강조할 필요가 없다. 『또모야-수학』으로 공부하면서 생활 주변의 현상을 수학적으로 관찰하고 표현하며 즐겁게 문제를 해결하는 경험을 하기 바란다. 그리고 4차 산업혁명 시대의 창의적 역량을 갖춘 융합 인재가 갖추어야 할 수학적 사고력을 길러 나가길 바란다.

2021년 6월

기획 및 저자 일동

저자 약력

기획 및 감수 **이병규**

현 서울교육대학교 국어교육과 교수
문화체육관광부 국어정책과 학예연구관
문화체육관광부 국립국어원 학예연구사
서울교육대학교 국어교육과 졸업
연세대학교 대학원 문학 석사, 문학 박사
2009 개정 국어과 초등학교 국어 기획 집필위원
2015 개정 교육과정 심의회 국어 소위원회 부위원장
야무진 한글 기획 및 발간
야무진 어휘 공부 기획
근간 국어 문법 교육론(2019) 외 다수의 논저

저자 **송준언**

현 세종나래초등학교 교사
서울교육대학교 컴퓨터교육과 졸업
서울교육대학교 교육대학원 초등수학교육학과 졸업

저자 **김지환**

현 서울북가좌초등학교 교사
서울교육대학교 수학교육과 졸업
서울교육대학교 교육대학원 초등수학교육학과 졸업

이렇게 활용해요

알아볼까요?

한걸음 두걸음

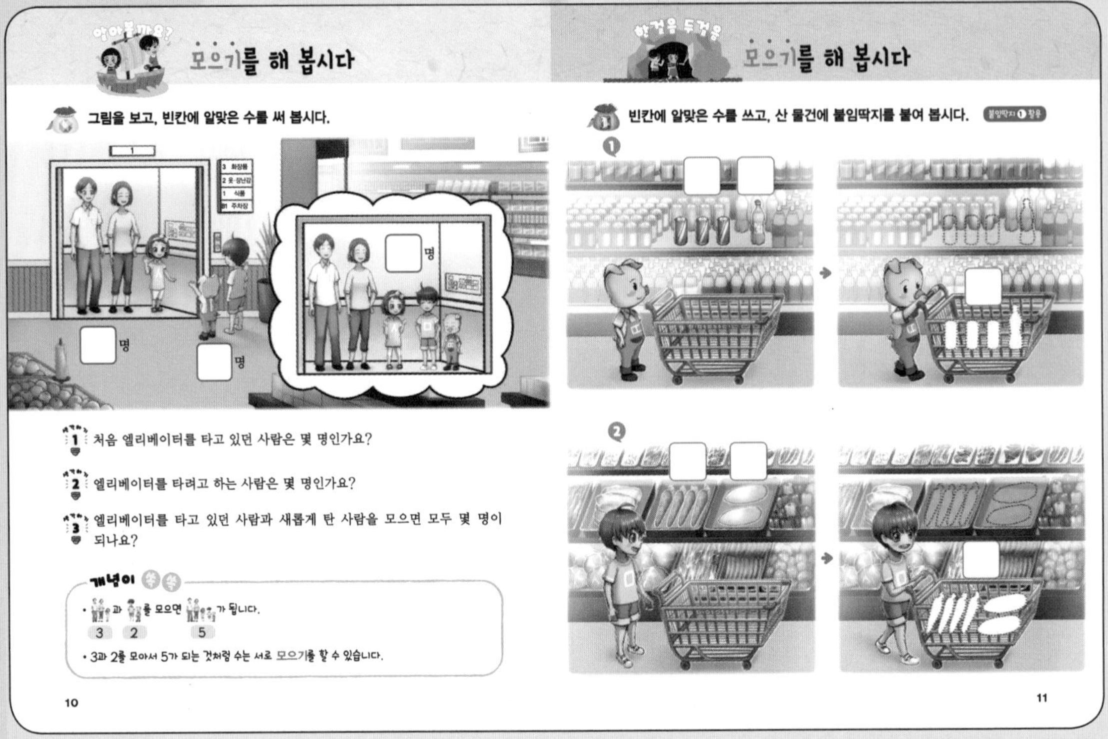
알아볼까요? 모으기를 해 봅시다

그림을 보고, 빈칸에 알맞은 수를 써 봅시다.

생각하기 1 처음 엘리베이터를 타고 있던 사람은 몇 명인가요?

생각하기 2 엘리베이터를 타려고 하는 사람은 몇 명인가요?

생각하기 3 엘리베이터를 타고 있던 사람과 새롭게 탄 사람을 모으면 모두 몇 명이 되나요?

개념이 쏙쏙

- 과 를 모으면 가 됩니다.
3 2 5
- 3과 2를 모아서 5가 되는 것처럼 수는 서로 모으기를 할 수 있습니다.

10

한걸음 두걸음 모으기를 해 봅시다

빈칸에 알맞은 수를 쓰고, 산 물건에 붙임딱지를 붙여 봅시다. 붙임딱지 1 활용

11

생활에서 접할 수 있는 다양한 수학적 상황을
그림으로 재미있게 표현하여 학습 주제를 보여 줍니다.

학습 주제를 알고 공부하는 처음 단계로
수학 공부의 재미를 느끼게 합니다.

학습도우미

생각하기 1

학습 주제를 간단한
문제로 나타냅니다.

개념이 쏙쏙

핵심 개념을 쉽고
간단하게 설명합니다.

붙임딱지 1 활용

다양한 붙임딱지로
흥미롭게 학습할 수 있습니다.

실력이 쑥쑥 　　　　　재미가 솔솔

실력이 쑥쑥 　세로 더하기를 해 봅시다.

재미가 솔솔 　세로 더하기를 해 봅시다.

보기와 같이 빈칸에 알맞은 수를 써 봅시다.

보기

	3
+	2
	5

〰〰〰	
+ 〰〰〰〰〰	

보기와 같이 빈칸에 알맞게 그리고, 세로셈으로 완성해 봅시다.

보기

○○○○○	5
+○○	2
	7

□□□□	
+□□□□	

세로셈을 해 봅시다.

❶　 3
　+ 1

❷　 5
　+ 2

❸　 6
　+ 3

❹　 2
　+ 6

더해서 6이 되는 비눗방울을 색칠해 봅시다.

$\begin{array}{r}3\\+3\end{array}$

$\begin{array}{r}2\\+5\end{array}$

$\begin{array}{r}6\\+1\end{array}$

$\begin{array}{r}5\\+1\end{array}$

$\begin{array}{r}4\\+2\end{array}$

$\begin{array}{r}1\\+3\end{array}$

$\begin{array}{r}\\+5\end{array}$

$\begin{array}{r}3\\+2\end{array}$

34　　　　　　　　　　　　　　　　　　　35

앞에서 배운 기초를 바탕으로 응용 문제를
공부하고 수학 실력을 다집니다.

퍼즐, 미로 찾기, 붙임딱지 등의 다양한
활동으로 수학 공부를 마무리합니다.

등장 인물

또바기
'언제나 한결같이'를
뜻하는 우리말
이름을 가진 귀여운
돼지 친구입니다.

모도리
'빈틈없이 아주 야무진
사람'을 뜻하는
우리말 이름을 가진
아이입니다.

새로미
새로운 것에 호기심이
많고 쾌활하며
당차고 씩씩한
아이입니다.

차례

1 모으기와 가르기

2 덧셈과 뺄셈(1)

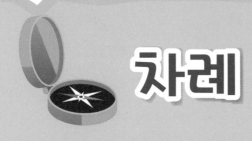

N
W
E
S

3단계

1. 모으기와 가르기

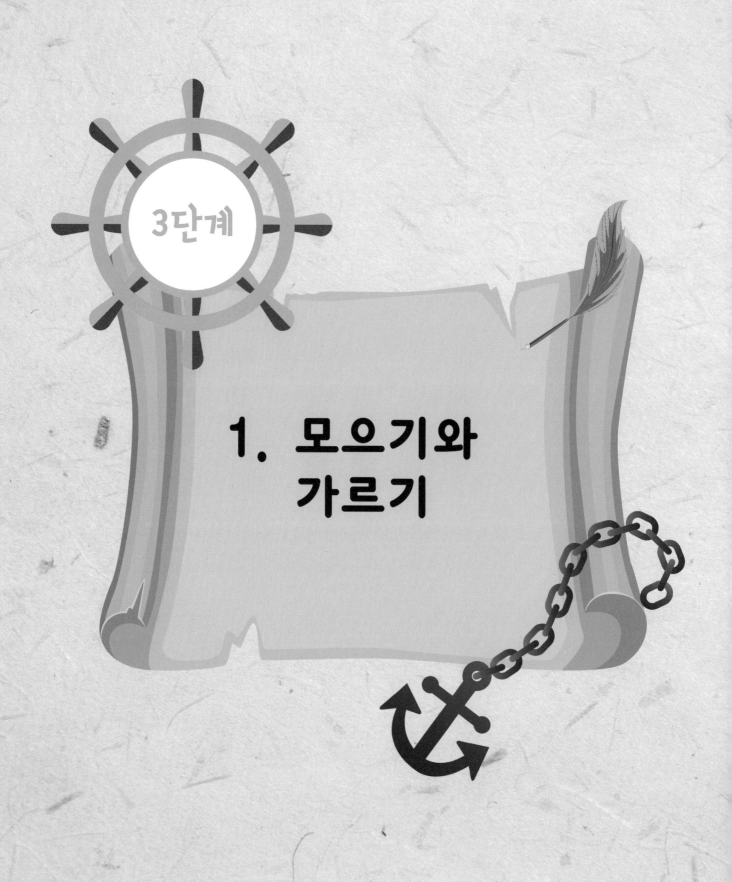

모으기를 해 봅시다

그림을 보고, 빈칸에 알맞은 수를 써 봅시다.

생각하기 1 처음 엘리베이터를 타고 있던 사람은 몇 명인가요?

생각하기 2 엘리베이터를 타려고 하는 사람은 몇 명인가요?

생각하기 3 엘리베이터를 타고 있던 사람과 새롭게 탄 사람을 모으면 모두 몇 명이 되나요?

개념이 쏙쏙

-  과  를 모으면  가 됩니다.
  3 2 5
- 3과 2를 모아서 5가 되는 것처럼 수는 서로 **모으기**를 할 수 있습니다.

한걸음 두걸음

모으기를 해 봅시다

빈칸에 알맞은 수를 쓰고, 산 물건에 붙임딱지를 붙여 봅시다. 붙임딱지 ① 활용

1

2

모으기를 해 봅시다

모으기를 하여 빈칸에 알맞은 수를 써 봅시다.

1

2 → □ ← 3

□

2

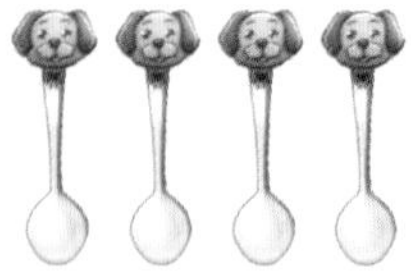

□ → □ ← □

□

3

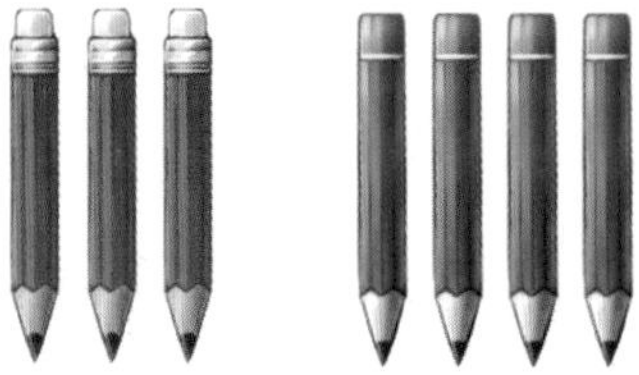

3 → □ ← 4

□

4

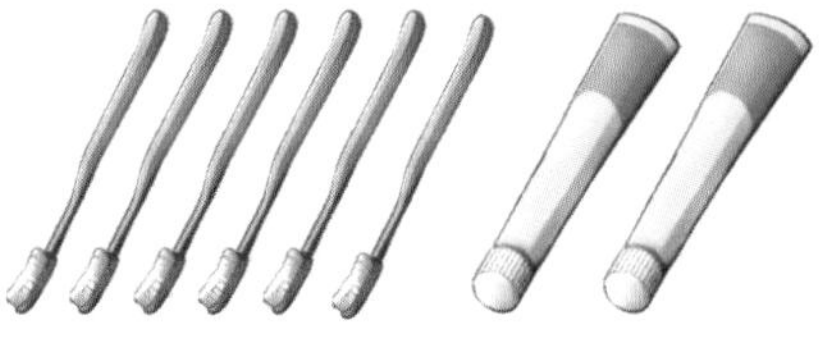

□ → □ ← □

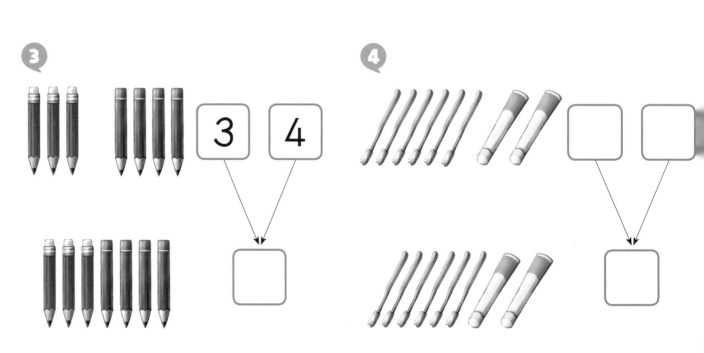

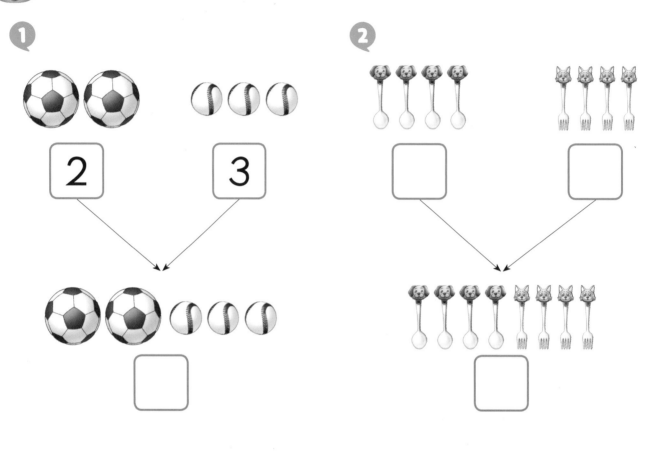

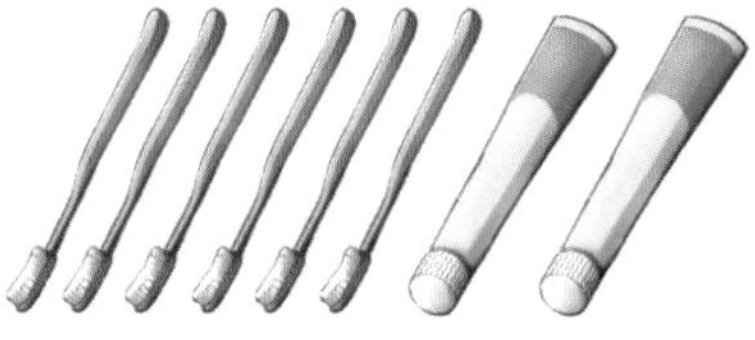

□

모으기를 해 봅시다

 새로미의 그림일기를 읽고, 빈칸에 알맞은 수를 써 봅시다.

20○○년 5월 5일 금요일   날씨: 해님이 웃는 날

	장	난	감		가	게	에	서		친	구	를		만
났	다	.		나	는		토	끼		인	형	☐	개	를
샀	고		또	바	기	는		강	아	지		인	형	
☐	개	를		샀	다	.	둘	이		산		인	형	을
바	구	니	에		모	았	더	니		☐	개	가		되
었	다	.	즐	거	운		하	루	였	다	.			

가르기를 해 봅시다

그림을 보고, 빈칸에 알맞은 수를 써 봅시다.

생각하기 1 엘리베이터에 타고 있던 사람은 몇 명인가요?

생각하기 2 옷을 구경하기 위해 왼쪽 방향으로 가는 사람은 몇 명인가요?

생각하기 3 장난감을 구경하기 위해 오른쪽 방향으로 가는 사람은 몇 명인가요?

개념이 쏙쏙

-  를  과  로 가르기할 수 있습니다.

  5 2 3

- 5를 2와 3으로 가르는 것처럼 수는 서로 **가르기**를 할 수 있습니다.

가르기를 해 봅시다

빈칸에 알맞은 수를 쓰고, 산 물건에 붙임딱지를 붙여 봅시다. 붙임딱지 ❶ 활용

❶

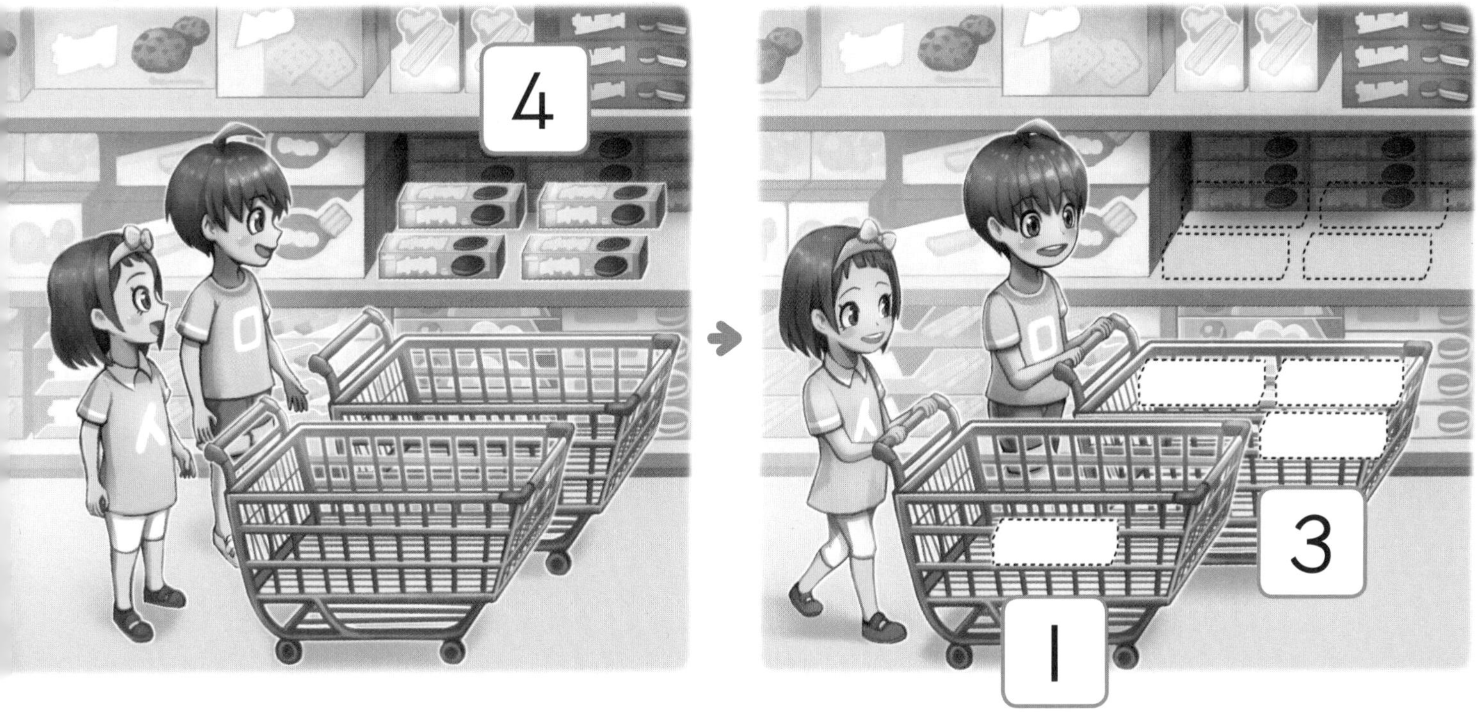

❷

가르기를 해 봅시다

가르기를 하여 빈칸에 알맞은 수를 써 봅시다.

1

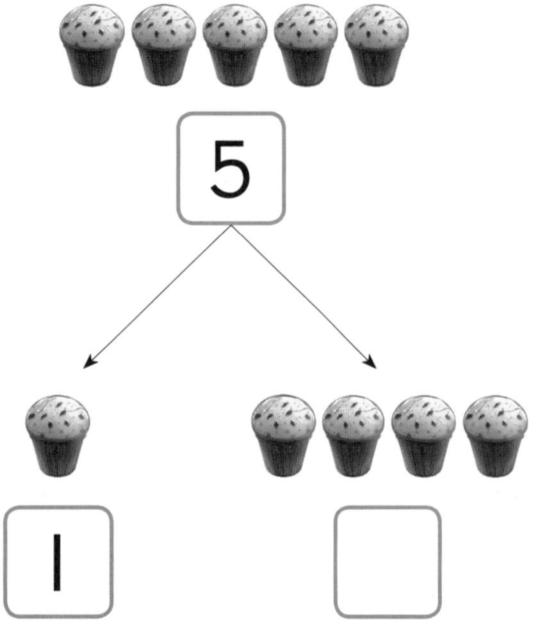

2

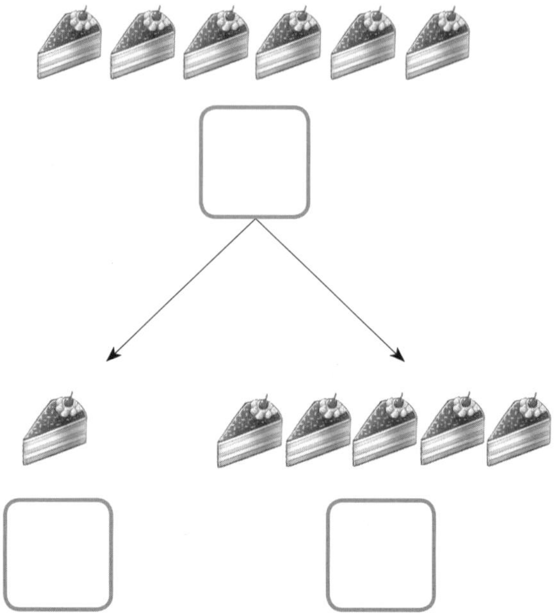

3

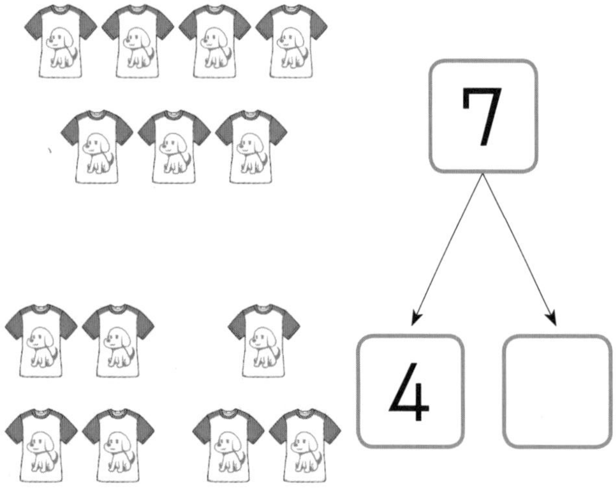

4

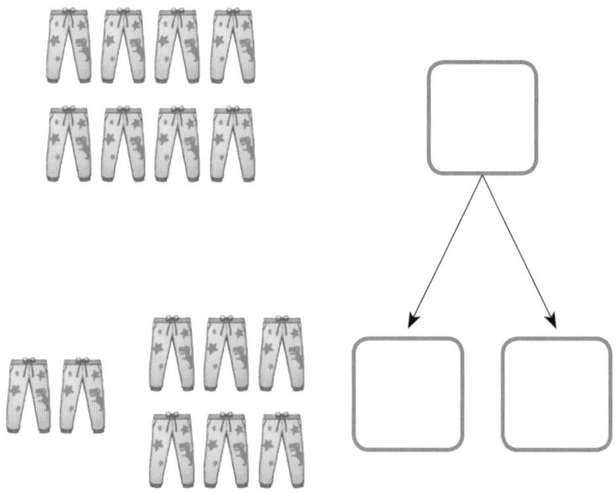

가르기를 해 봅시다

새로미는 젤리 5개를 가족과 나누어 먹으려고 합니다. 새로미가 먹을 수 있는 젤리의 수만큼 젤리를 색칠해 보고, 빈칸에 알맞은 수를 써 봅시다.

1

아빠는 4개를 먹어야겠다.
난 ☐ 개를 먹을 수 있어.

2

엄마는 3개를 먹어야겠다.
난 ☐ 개를 먹을 수 있어.

3

언니는 2개 먹을게.
난 ☐ 개를 먹을 수 있어.

4

난 1개면 충분해.
난 ☐ 개를 먹을 수 있어.

3단계

2. 덧셈과 뺄셈(1)

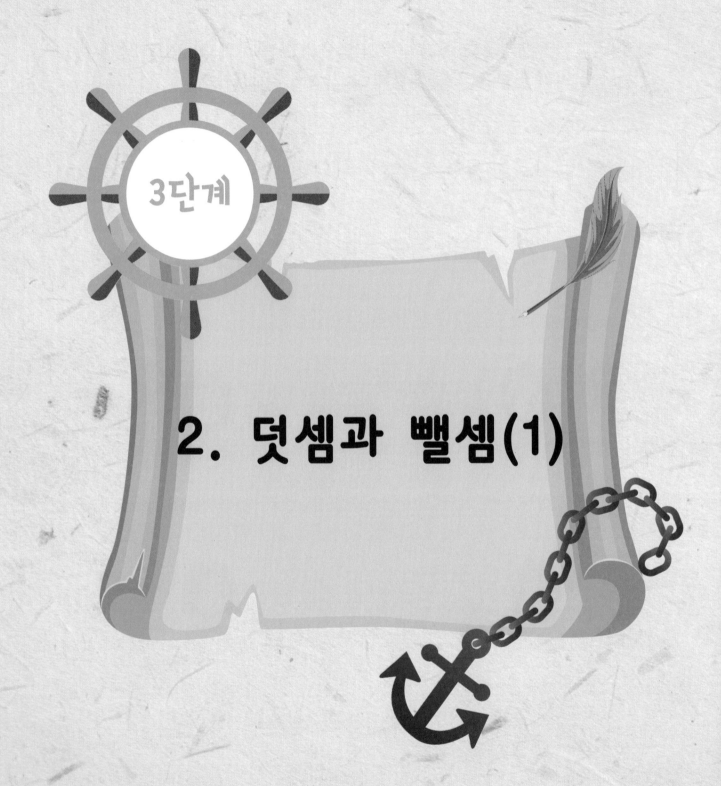

더하기를 해 봅시다

그림을 보고, 빈칸에 알맞은 수를 써 봅시다.

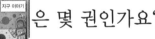

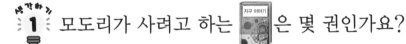

생각하기 1 모도리가 사려고 하는 지구 이야기 은 몇 권인가요?

생각하기 2 또바기가 사려고 하는 과학 동화 은 몇 권인가요?

생각하기 3 모도리가 산 책과 또바기가 산 책을 합하면 책은 모두 몇 권인가요?

모도리와 또바기가 산 책은 모두 몇 권인지 알아봅시다.

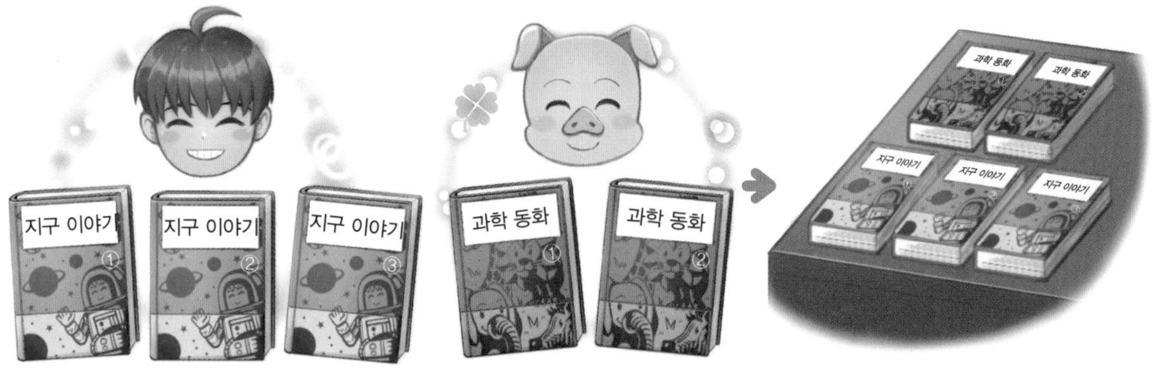

1 책의 수에 맞게 ✿를 색칠해 봅시다.

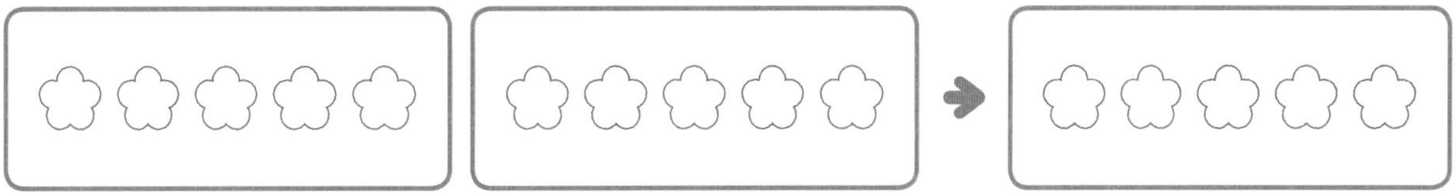

2 책의 수에 맞게 빈칸에 알맞은 수를 써 봅시다.

3	2	→	

개념이 쏙쏙

2와 3을 합하여 5가 된 것처럼 수를 더할 때

2 + 3 = 5로 쓰고

이(2) 더하기 삼(3)은 오(5)와 같습니다.라고 읽습니다.

더하기를 해 봅시다

+(더하기)와 =(같습니다)를 읽으면서, 따라 써 봅시다.

+	+	+			

=	=	=			

보기와 같이 빈칸에 알맞게 쓰고, 읽어 봅시다.

보기

1 [+] 2 [=] 3

일(1) 더하기 이(2)는 삼(3)과 같습니다.

일(1)과 이(2)의 합은 삼(3)입니다.

1

1 [ ] 3 [=] 4

일(1) [ ] 삼(3)은 사(4)와 같습니다.

일(1)과 삼(3)의 합은 사(4)입니다.

2

3 [+] 2 [ ] 5

삼(3) 더하기 이(2)는 오(5)와 [ ].

삼(3)과 이(2)의 합은 오(5)입니다.

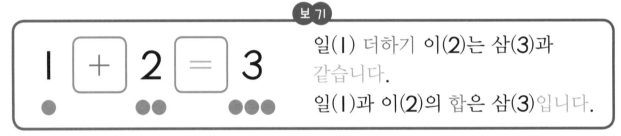

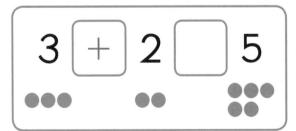

보기와 같이 빈칸에 물건의 수만큼 ○를 그리고, 더하기를 해 봅시다.

보기

○○○○ + ○○ = ○○○○○○

4 + 2 = 6

1

☐ + ☐ = ☐

☐ + ☐ = ☐

2

☐ + ☐ = ☐

☐ + ☐ = ☐

3

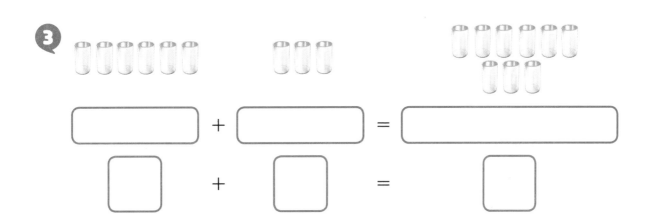

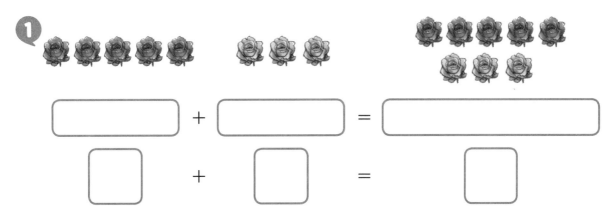

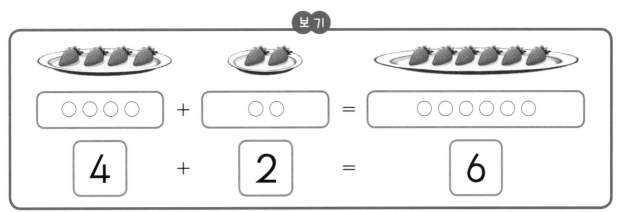

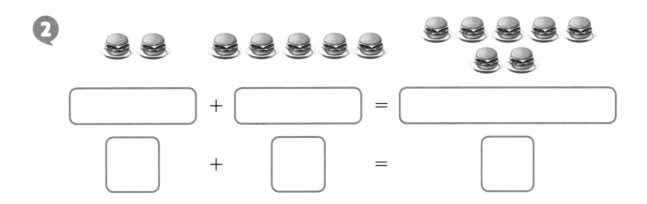

☐ + ☐ = ☐

☐ + ☐ = ☐

더하기를 해 봅시다

더하기를 해 봅시다.

1. 모도리가 가진 색종이는 모두 몇 장이 되나요?

→ 4 + 2 = □

2. 또바기가 가진 사탕은 모두 몇 개가 되나요?

→ □ + □ = □

3. 새로미가 가진 연필은 모두 몇 자루가 되나요?

→ □ + □ = □

더하기를 해 봅시다

더하기를 해서 5가 되는 칸을 색칠해 봅시다.

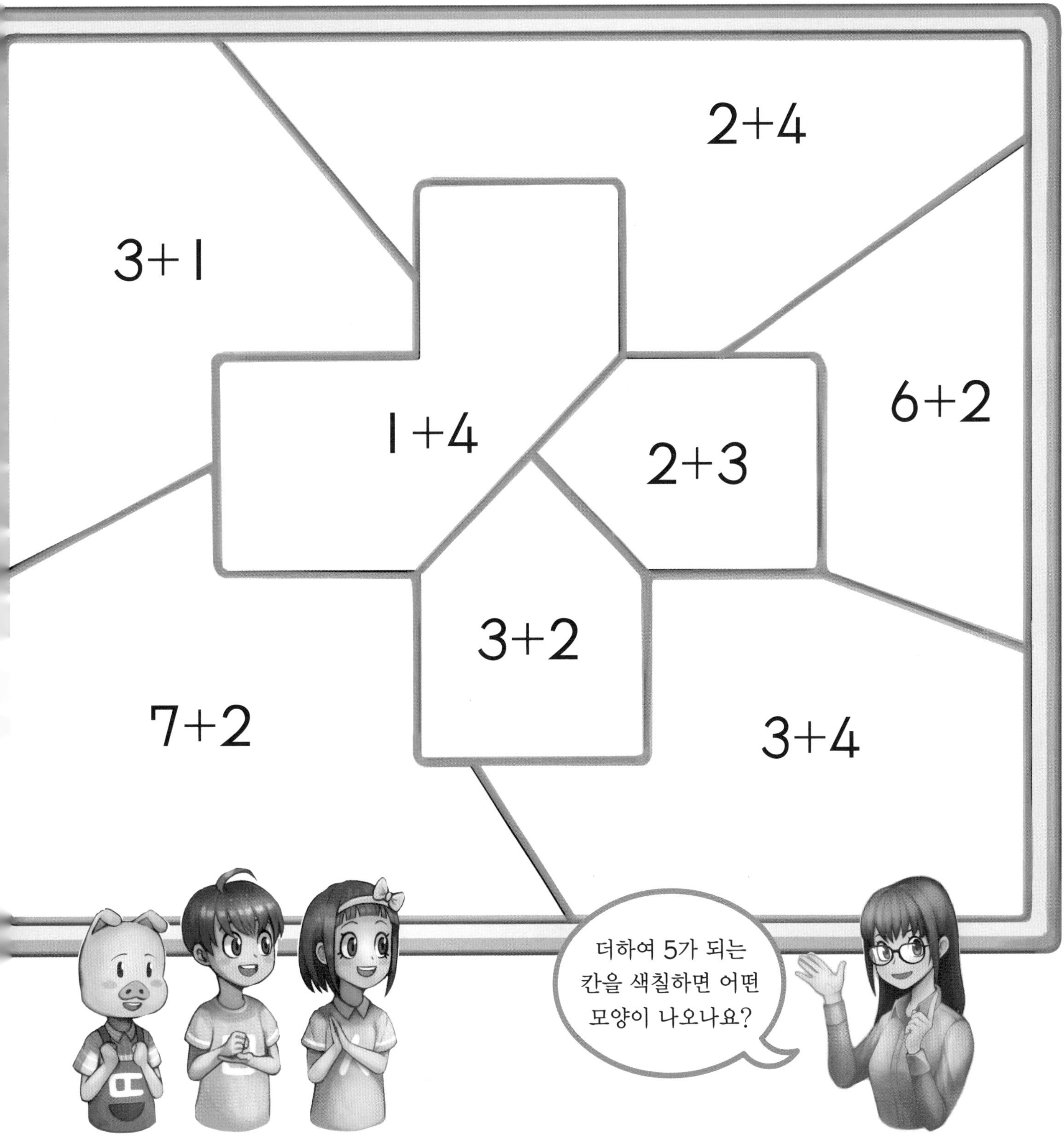

식 만들기를 이용하여 더하기를 해 봅시다

 그림을 보고, 빈칸에 알맞은 수를 써 봅시다.

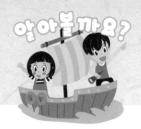

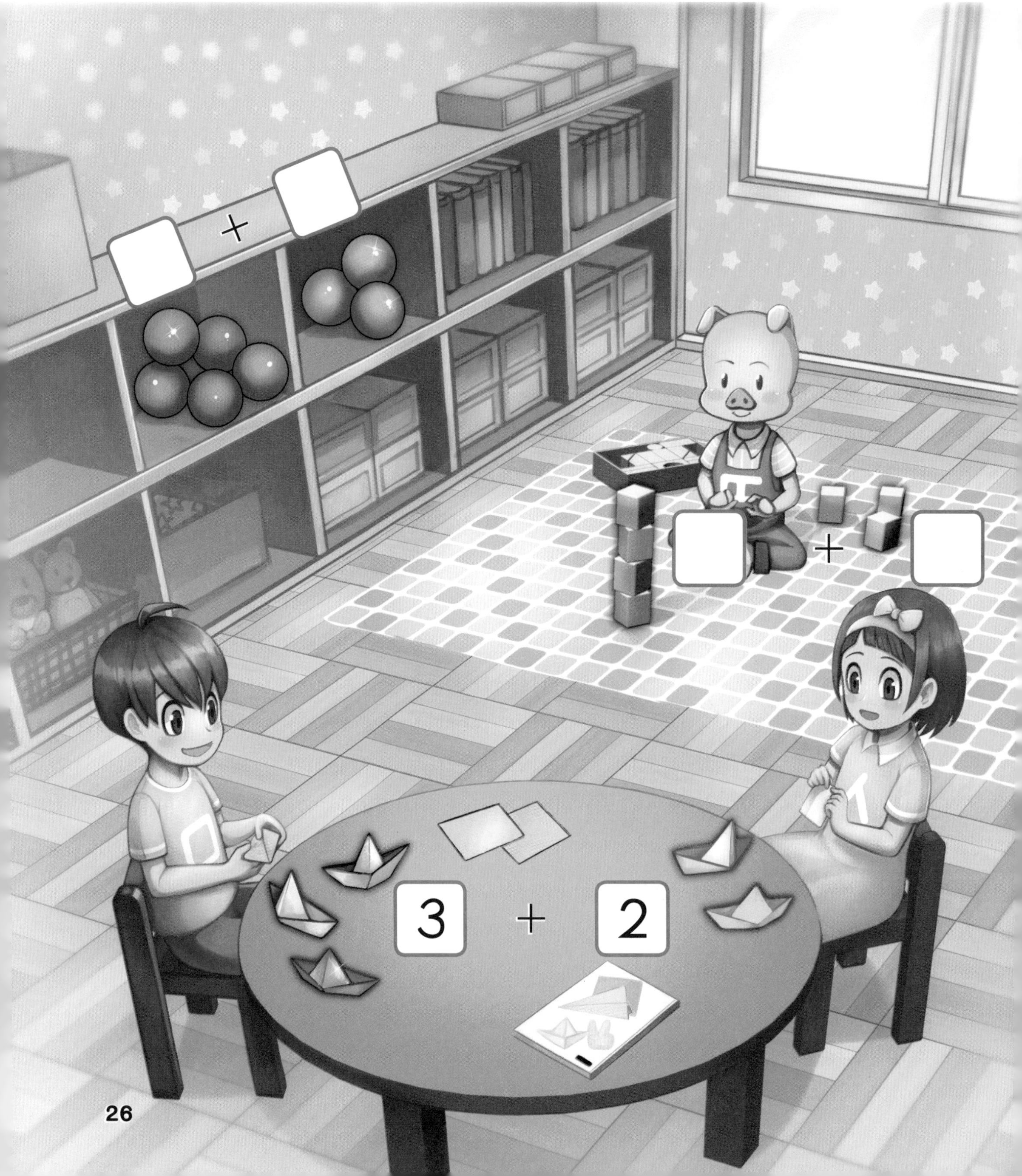

빈칸에 알맞은 수를 써 봅시다.

1

덧셈식

3 + 2 = 5

2

덧셈식

☐ + ☐ = ☐

3

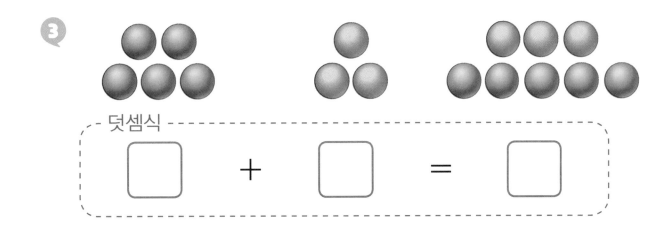

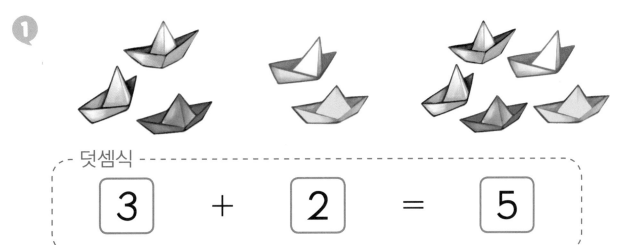

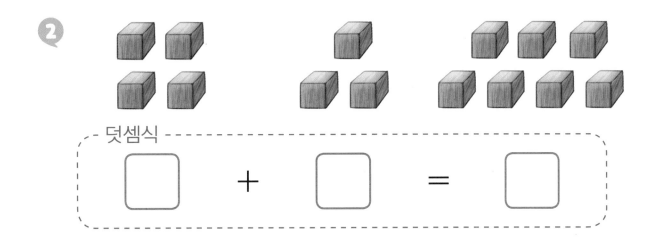

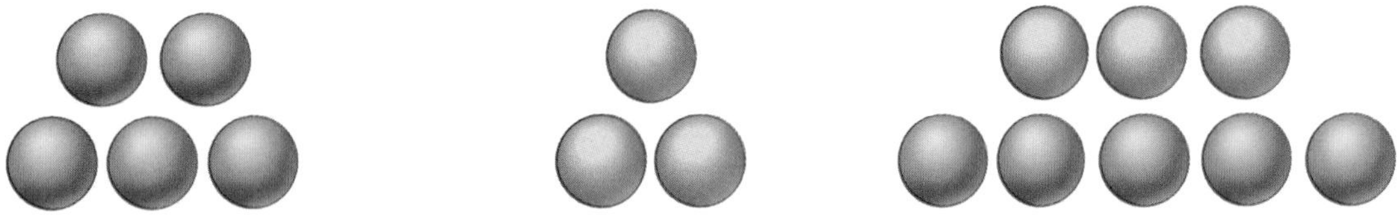

덧셈식

☐ + ☐ = ☐

개념이 쏙쏙

우리 주변의 물건들을 +(더하기)를 사용하여 **덧셈식**으로 만들 수 있습니다.

그림을 보고, 더하기를 해 봅시다.

1 사람은 모두 몇 명인가요?

$$3 + 4 = \boxed{}$$

2 자동차는 모두 몇 대인가요?

$$2 + \boxed{} = \boxed{}$$

3 빵은 모두 몇 개인가요?

$$\boxed{} + \boxed{} = \boxed{}$$

4 구슬은 모두 몇 개인가요?

$$\boxed{} + \boxed{} = \boxed{}$$

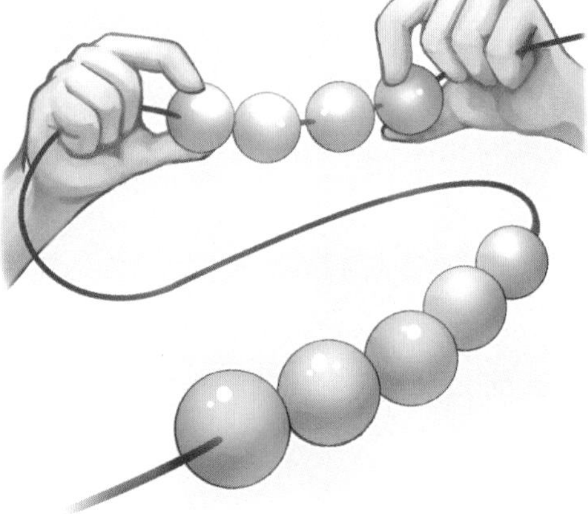

또바기와 모도리가 산 물건들을 장바구니에 담으려고 합니다. 더하기를 해 봅시다.

1. 과일(,)은 모두 몇 개인가요? $\boxed{3}+\boxed{5}=\boxed{}$

2. 과자(,)는 모두 몇 개인가요? $\boxed{3}+\boxed{}=\boxed{}$

3. 음료수(,)는 모두 몇 개인가요? $\boxed{}+\boxed{}=\boxed{}$

식 만들기를 이용하여 더하기를 해 봅시다

덧셈식을 만들어 더하기를 해 봅시다.

1 집 안에 강아지 1마리와 고양이 2마리가 있습니다. 집 안에 있는 동물들은 모두 몇 마리인가요?

강아지 수		고양이 수		집 안에 있는 동물 수
1	+	2	=	□

2 모도리가 떡을 먹고 있습니다. 초록색 떡을 3개 먹고 분홍색 떡을 4개 먹는다면 모도리가 먹은 떡은 모두 몇 개인가요?

초록색 떡의 수		분홍색 떡의 수		모도리가 먹은 떡의 수
□	+	□	=	□

식 만들기를 이용하여 더하기를 해 봅시다

그림에서  과  를 찾아 ○표를 하고, 덧셈식을 만들어 봅시다.

□ + □ = □

세로 더하기를 해 봅시다

그림을 보고, 주인공이 고른 빵은 모두 몇 개인지 붙임딱지를 붙여 봅시다.

붙임딱지 ① 활용

개념이 쏙쏙

- 4+3=7은 $\begin{array}{r} 4 \\ +3 \\ \hline 7 \end{array}$ 로도 쓸 수 있습니다.
- 4+3=7은 **가로셈**, $\begin{array}{r} 4 \\ +3 \\ \hline 7 \end{array}$ 은 **세로셈**이라고 합니다.

'가로'는 옆으로 반듯한 것을 말하고 '세로'는 위아래로 반듯한 것을 말해요.

세로 더하기를 해 봅시다

Ⅰ 가로선과 세로선을 따라 그어 봅시다.

가로선

★ - - - - - - - - - - ★

★ - - - - - - - - - - ★

★ - - - - - - - - - - ★

세로선

★ ★ ★ ★

★ ★ ★ ★

Ⅱ 더하기를 해 봅시다.

1 책은 모두 몇 권인가요?

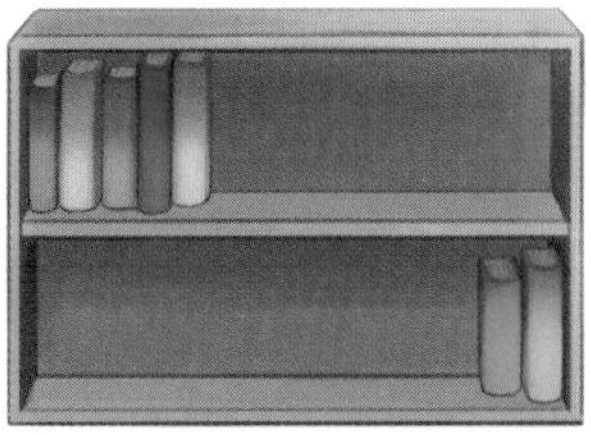

5

2

□

2 모자는 모두 몇 개인가요?

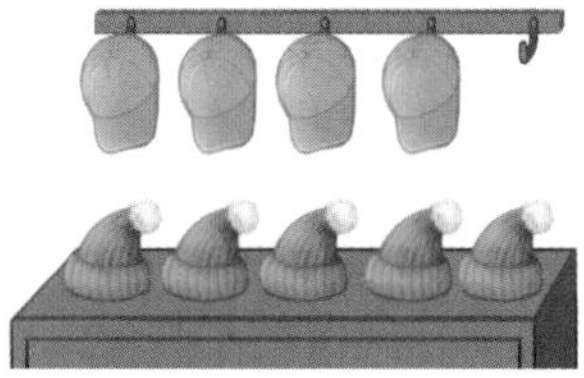

□

□

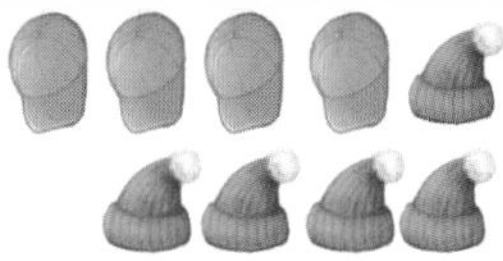

□

3 풀과 가위를 더하면 모두 몇 개인가요?

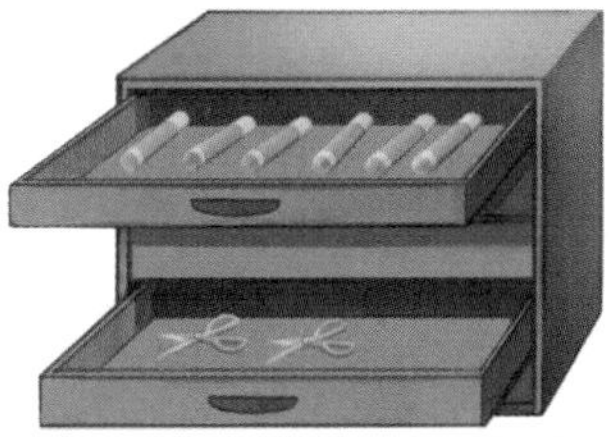

□

□

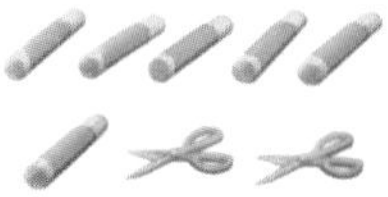

□

4 우유와 빵을 더하면 모두 몇 개인가요?

□

□

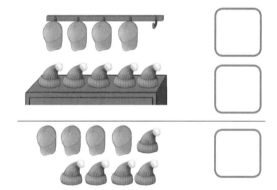

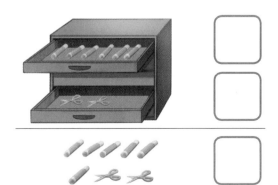

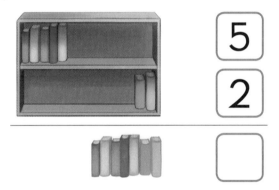

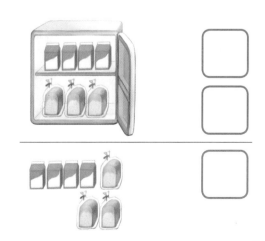

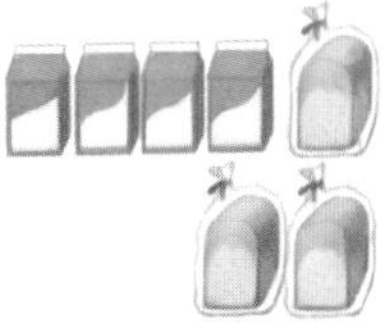

□

세로 더하기를 해 봅시다

보기와 같이 빈칸에 알맞은 수를 써 봅시다.

보기

(오렌지 3개)	3
+ (오렌지 2개)	2
(오렌지 5개)	5

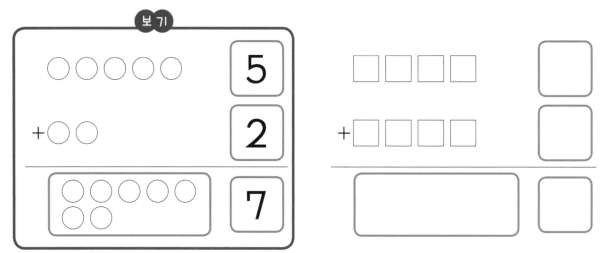

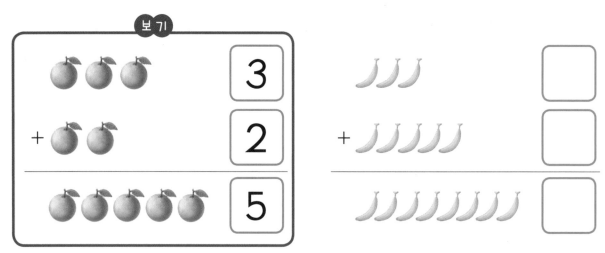

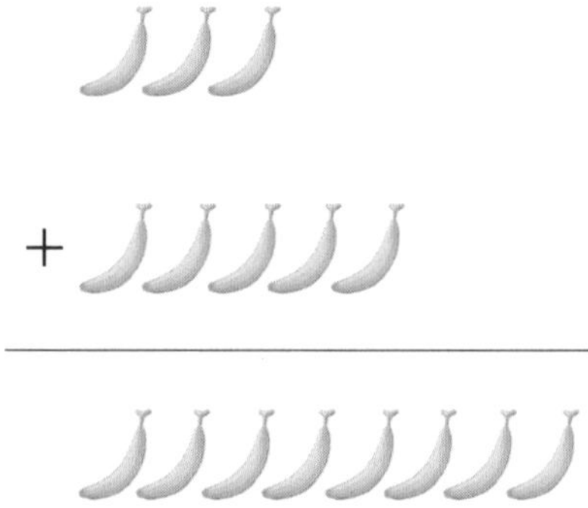

(바나나 3개)	□
+ (바나나 5개)	□
(바나나 8개)	□

보기와 같이 빈칸에 알맞게 그리고, 세로셈으로 완성해 봅시다.

보기

○○○○○	5
+○○	2
○○○○○ ○○	7

□□□□	□
+□□□□	□
□	□

세로셈을 해 봅시다.

① 3 + 1 = □

② 5 + 2 = □

③ 6 + 3 = □

④ 2 + 6 = □

세로 더하기를 해 봅시다

$$
\begin{array}{r} 2 \\ + 5 \\ \hline \end{array}
$$

$$
\begin{array}{r} 3 \\ + 3 \\ \hline \end{array}
$$

$$
\begin{array}{r} 6 \\ + 1 \\ \hline \end{array}
$$

$$
\begin{array}{r} 5 \\ + 1 \\ \hline \end{array}
$$

$$
\begin{array}{r} 4 \\ + 2 \\ \hline \end{array}
$$

$$
\begin{array}{r} 1 \\ + 3 \\ \hline \end{array}
$$

$$
\begin{array}{r} 1 \\ + 5 \\ \hline \end{array}
$$

$$
\begin{array}{r} 3 \\ + 2 \\ \hline \end{array}
$$

알아볼까요?

빼기를 해 봅시다

그림을 보고, 빈칸에 알맞은 수를 써 봅시다.

또바기는 벌써
3개나 먹었네?
급하게 먹으면 체해!
개
개

생각하기 1 처음에는 한 접시에 만두가 몇 개씩 있었나요?

생각하기 2 또바기가 먹은 만두는 몇 개인가요?

생각하기 3 또바기의 남은 만두는 몇 개인가요?

또바기가 먹은 만두 수와 먹고 남은 만두 수는 몇 개인지 알아봅시다.

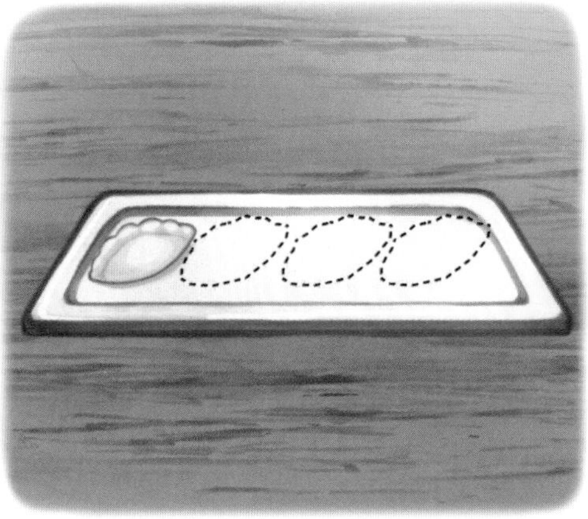

1 또바기가 먹은 만두 수에 맞게 점선을 따라 그려 봅시다.

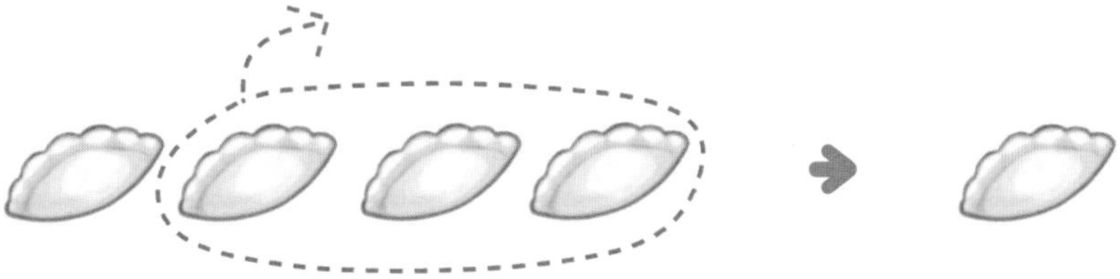

2 또바기의 만두 수에 맞게 빈칸에 알맞은 수를 써 봅시다.

처음 만두 수	먹은 만두 수	→	남은 만두 수
4	3	→	

개념이 쏙쏙

네 개에서 세 개가 없어지고 한 개가 남아 있는 것을 수로 나타낼 때는

4−3=1로 쓰고

사(4) **빼기** 삼(3)은 일(1)과 **같습니다**.라고 읽습니다.

한걸음 두걸음

빼기를 해 봅시다

Ⅰ −(빼기)를 읽으면서 따라 써 봅시다.

−	−	−				

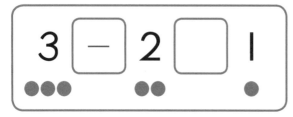

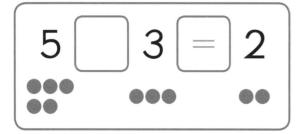

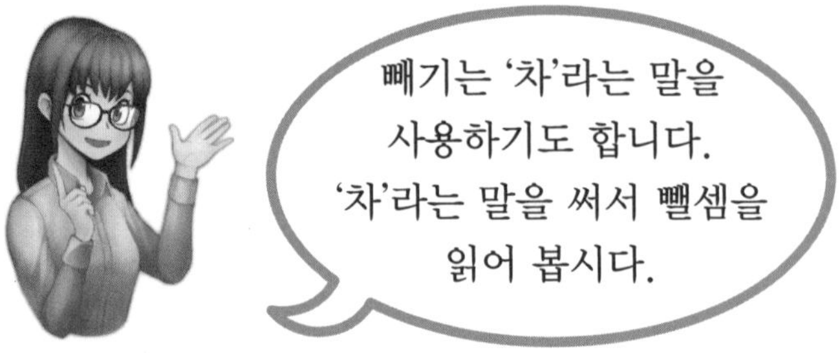
빼기는 '차'라는 말을
사용하기도 합니다.
'차'라는 말을 써서 뺄셈을
읽어 봅시다.

Ⅱ 보기와 같이 빈칸에 알맞게 쓰고, 읽어 봅시다.

보기

4 [−] 1 [=] 3

●●●● ● ●●●

사(4) 빼기 일(1)은 삼(3)과 같습니다.
사(4)와 일(1)의 차는 삼(3)입니다.

1

5 [ ] 3 [=] 2

●●●●● ●●● ●●

오(5) [ ] 삼(3)은 이(2)와 같습니다.
오(5)와 삼(3)의 차는 이(2)입니다.

2

3 [−] 2 [ ] 1

●●● ●● ●

삼(3) 빼기 이(2)는 일(1)과 [ ].
삼(3)과 이(2)의 차는 일(1)입니다.

그림에 맞게 ○를 /로 지우고, 빈칸에 알맞은 수를 써 봅시다.

1

$$4 - 3 = \boxed{}$$

2

$$\boxed{} - \boxed{} = \boxed{}$$

3

$$\boxed{} - \boxed{} = \boxed{}$$

4

$$\boxed{} - \boxed{} = \boxed{}$$

5

$$\boxed{} - \boxed{} = \boxed{}$$

6

$$\boxed{} - \boxed{} = \boxed{}$$

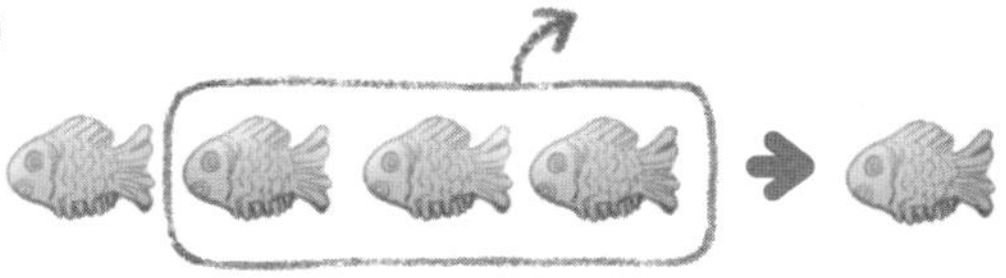

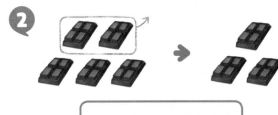

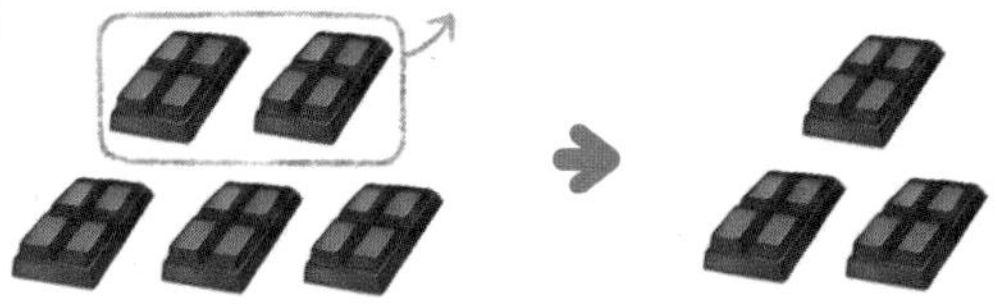

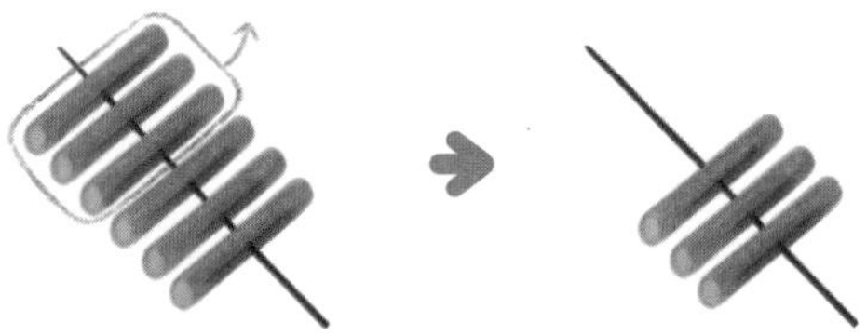

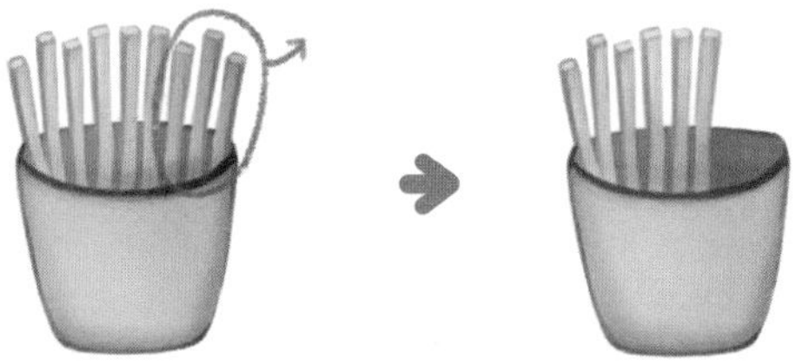

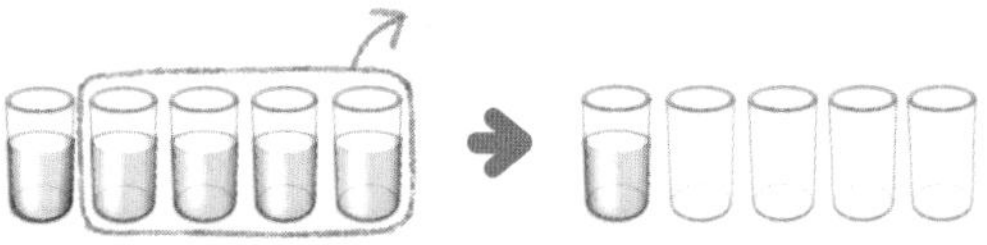

빼기를 해 봅시다

빈칸에 알맞은 수를 써 봅시다.

1 모도리의 주먹밥은 또바기의 주먹밥보다 몇 개 더 많을까요?

➔ 8 − 3 = □

2 또바기의 메달은 새로미의 메달보다 몇 개 더 많을까요?

➔ □ − □ = □

3 새로미의 반지는 모도리의 반지보다 몇 개 더 많을까요?

➔ □ − □ = □

빼기를 해 봅시다

빼기를 해서 3이 되는 칸을 색칠해 봅시다.

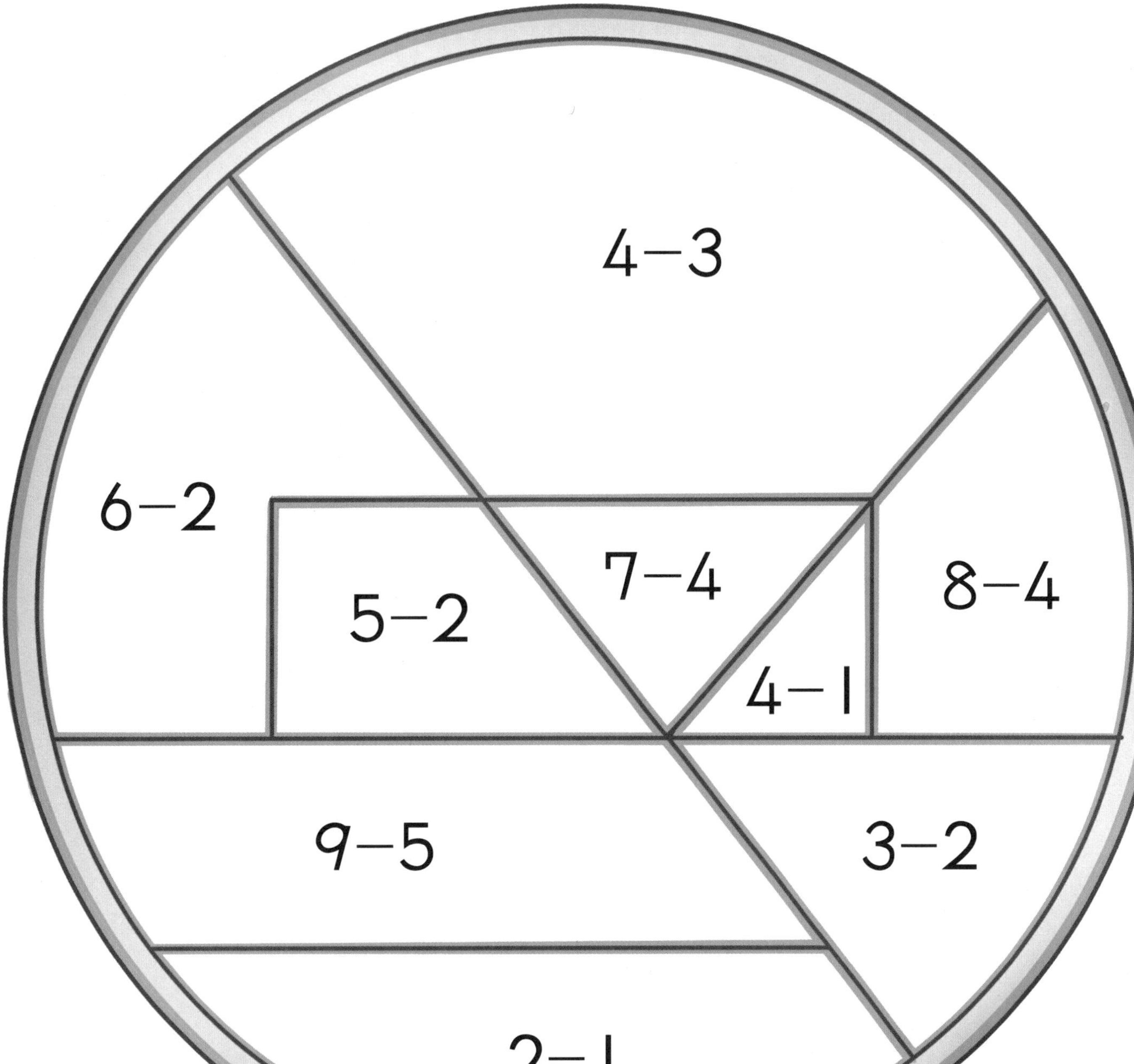

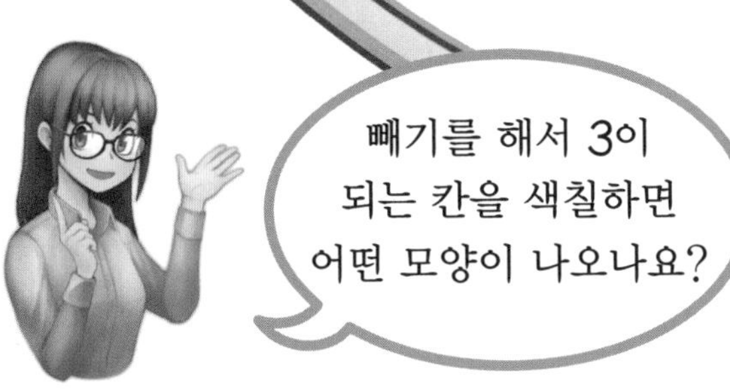

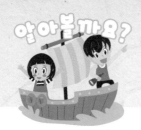

그림을 보고, 빈칸에 알맞은 수를 써 봅시다.

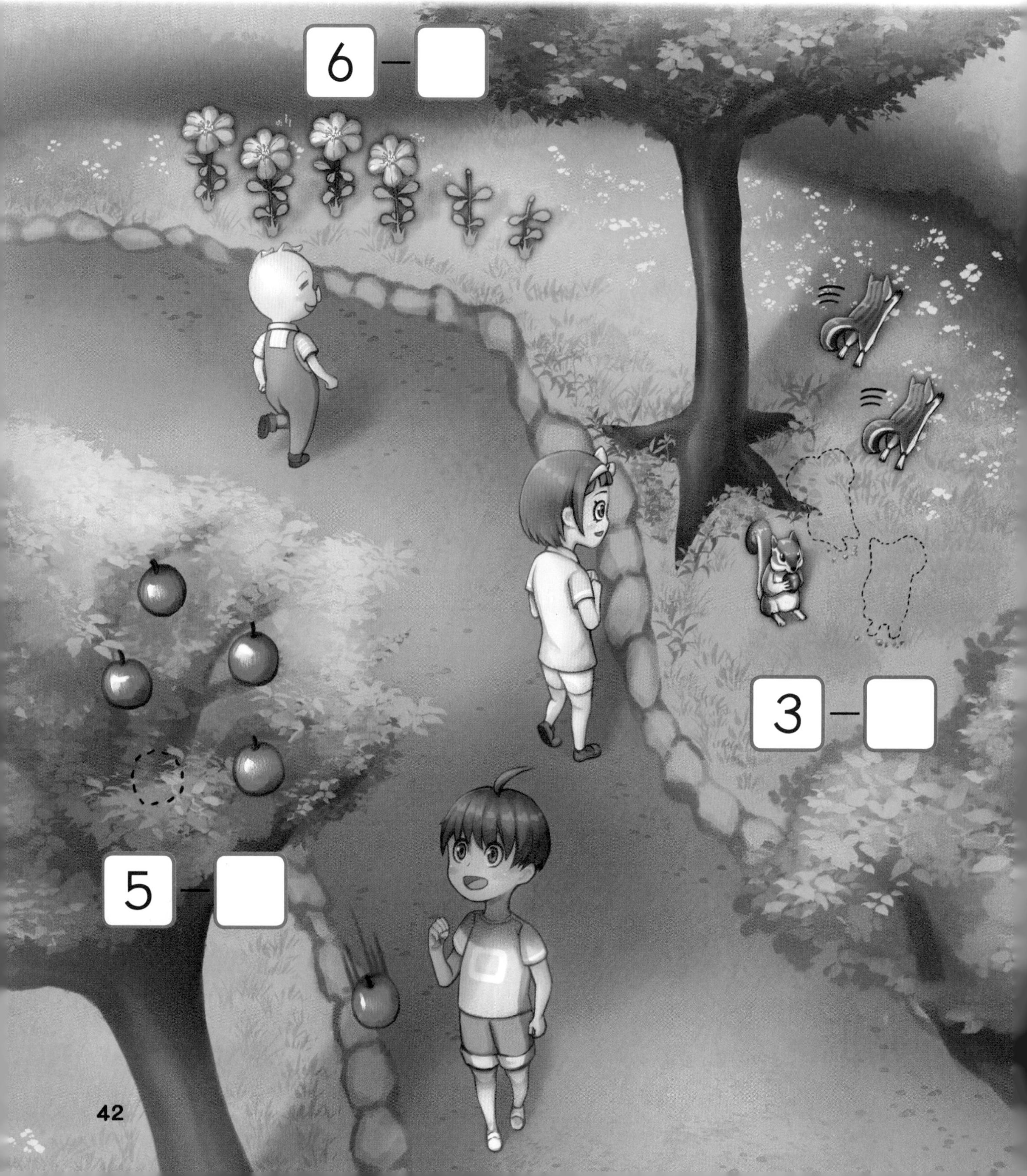

빈칸에 알맞은 수를 써 봅시다.

1

빼셈식

3 − 2 = 1

2

빼셈식

5 − □ = □

3

빼셈식

□ − □ = □

개념이 쏙쏙

우리 주변의 물건들을 −(빼기)를 사용하여 **빼셈식**으로 만들 수 있습니다.

식 만들기를 이용하여 빼기를 해 봅시다

그림을 보고 빼기를 해 봅시다.

1 남아 있는 블록은 모두 몇 개인가요?

6 − 3 = □

2 책장에 남아 있는 책은 모두 몇 권인가요?

□ − □ = □

3 계속 돌아가고 있는 팽이는 모두 몇 개인가요?

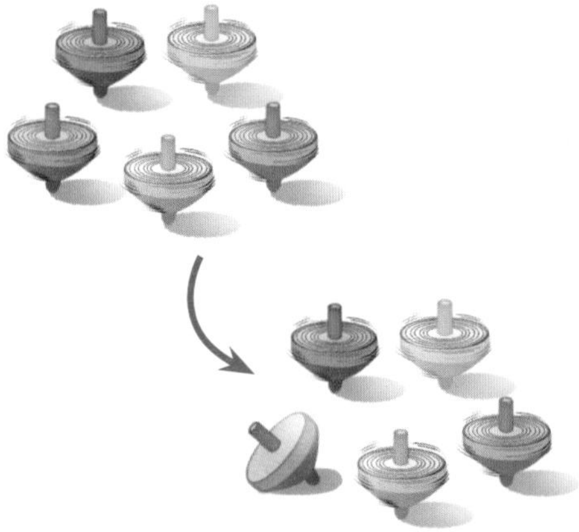

□ − □ = □

4 골대에 들어간 축구공은 모두 몇 개인가요?

□ − □ = □

또바기와 모도리가 점심밥을 먹으려고 합니다. 빼기를 해 봅시다.

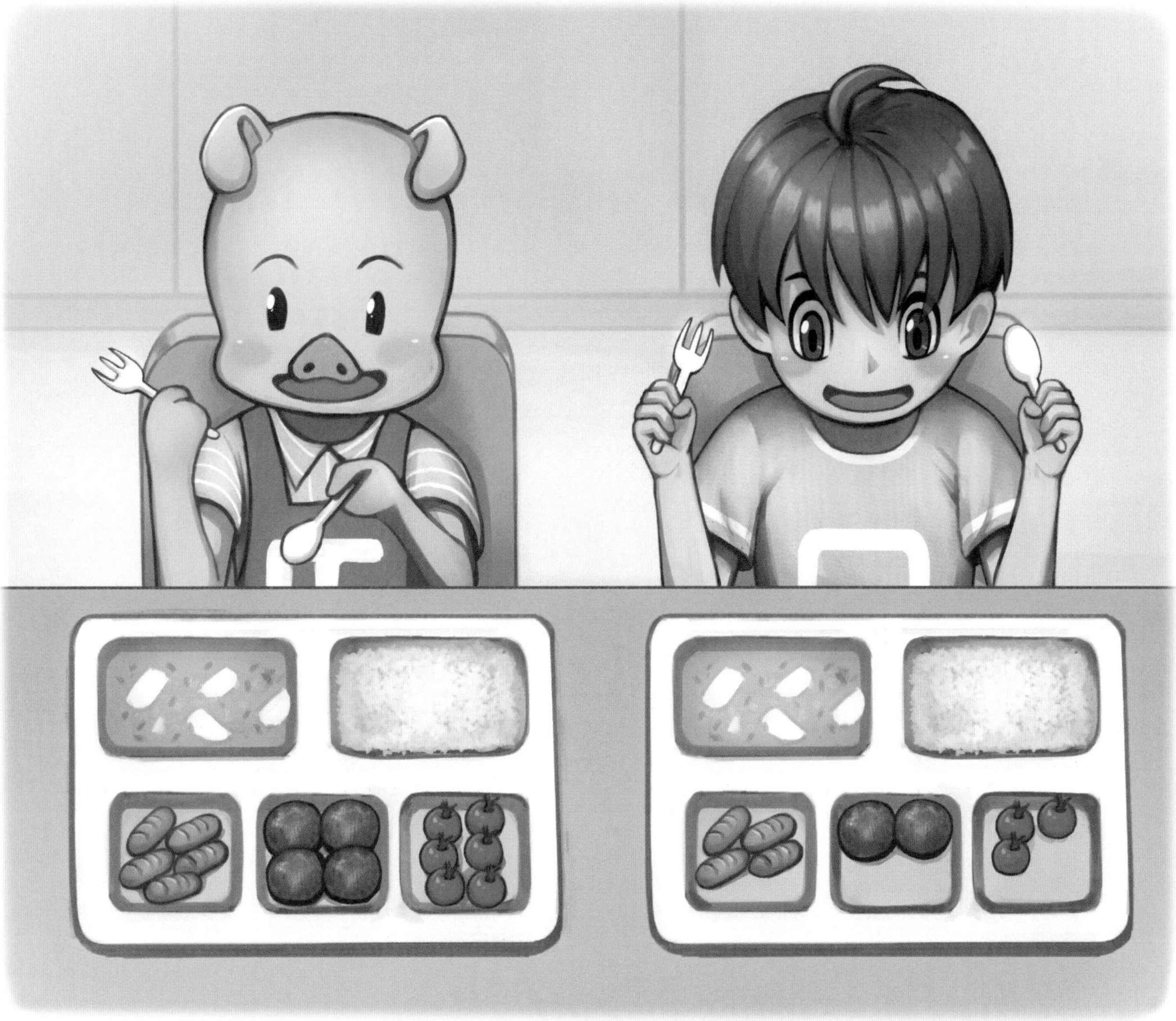

1. 또바기는 모도리보다 (빵)가 몇 개 더 있나요?

   $5 - 4 = \square$

2. 또바기는 모도리보다 (토마토)가 몇 개 더 있나요?

   $4 - \square = \square$

3. 또바기는 모도리보다 (방울토마토)가 몇 개 더 있나요?

   $\square - \square = \square$

식 만들기를 이용하여 빼기를 해 봅시다

뺄셈식을 만들어 빼기를 해 봅시다.

1 초콜릿이 5개 있습니다. 그중에서 2개를 먹었습니다. 남은 초콜릿은 모두 몇 개인가요?

처음 초콜릿 수		먹은 초콜릿 수		남은 초콜릿 수
□	−	□	=	□

2 공원에 7명이 앉아 있습니다. 그중 3명이 자리를 떠났다면 남은 사람은 모두 몇 명인가요?

처음에 있던 사람 수		떠난 사람 수		남은 사람 수
□	−	□	=	□

식 만들기를 이용하여 빼기를 해 봅시다

위 그림과 아래 그림을 보고, 없어진 물건은 몇 개인지 써 봅시다.

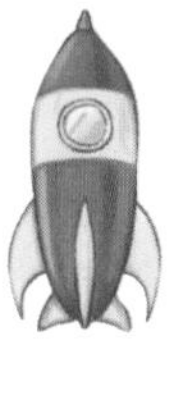 ☐ 개

 ☐ 개

세로 빼기를 해 봅시다

빈칸에 알맞은 수를 써 봅시다.

1. 달려가는 사람은 모두 몇 명인가요?

   □ 명

2. 의자는 모두 몇 개인가요?

   □ 개

3. 앉지 못한 사람은 모두 몇 명인가요?

   □ 명

개념이 쏙쏙

- 3−2=1은 $\begin{array}{r} 3 \\ -2 \\ \hline 1 \end{array}$ 로도 쓸 수 있습니다.
- 3−2=1은 **가로셈**, $\begin{array}{r} 3 \\ -2 \\ \hline 1 \end{array}$ 은 **세로셈**이라고 합니다.

세로 빼기를 해 봅시다

1 그림을 보고, 빼기를 해 봅시다.

1 빈 접시는 모두 몇 개인가요?

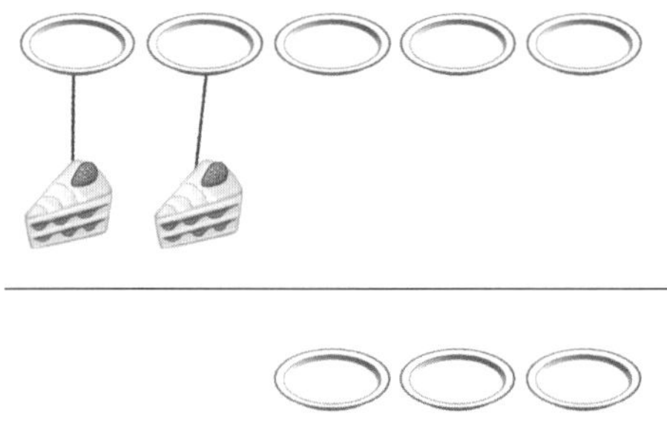

2 바나나를 먹지 못한 원숭이는 몇 마리인가요?

3 토끼는 다람쥐보다 몇 마리 더 많은가요?

4 버스는 택시보다 몇 대 더 많은가요?

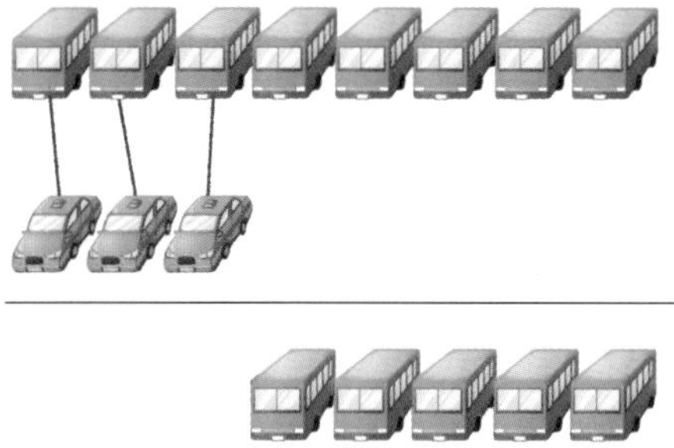

5 독수리는 참새보다 몇 마리 더 많은가요?

6 고래는 상어보다 몇 마리 더 많은가요?

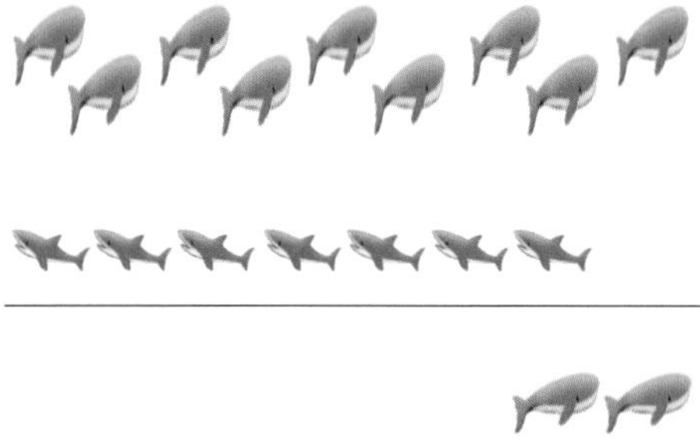

세로 빼기를 해 봅시다

1 보기와 같이 빈칸에 알맞은 수를 써 봅시다.

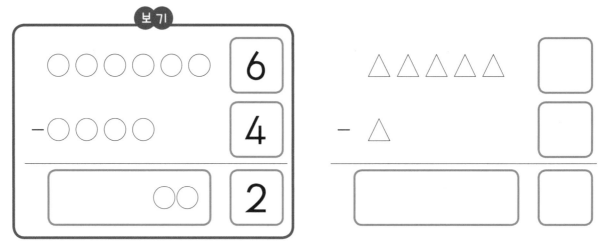

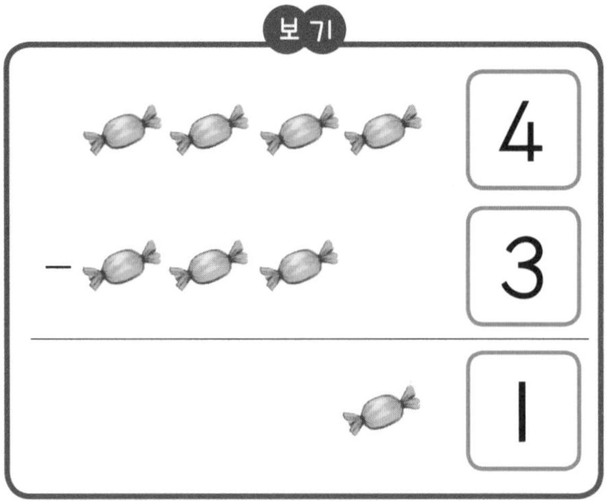

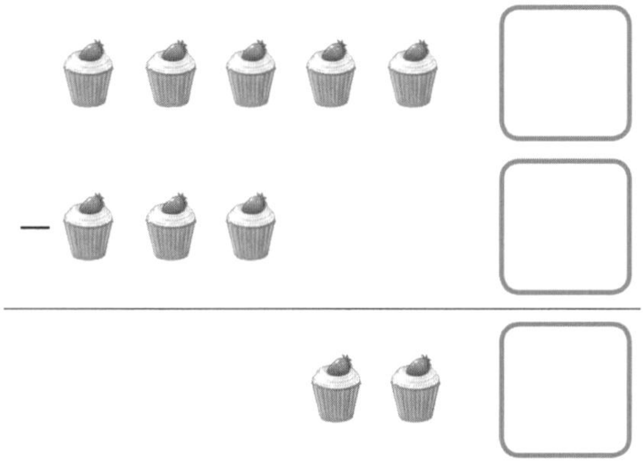

2 보기와 같이 빈칸에 알맞게 그리고, 세로셈으로 완성해 봅시다.

보기

○○○○○○	6
−○○○○	4
○○	2

△△△△△	□
− △	□
□	□

3 세로셈을 해 봅시다.

① $\begin{array}{r} 7 \\ -\ 2 \\ \hline \square \end{array}$

② $\begin{array}{r} 5 \\ -\ 4 \\ \hline \square \end{array}$

③ $\begin{array}{r} 9 \\ -\ 3 \\ \hline \square \end{array}$

④ $\begin{array}{r} 8 \\ -\ 7 \\ \hline \square \end{array}$

세로 빼기를 해 봅시다

빼기를 해서 3이 되는 거북을 색칠해 봅시다.

알아볼까요?

0(영)을 더하거나 빼 봅시다

그림을 보고 빈칸에 알맞은 수를 쓰고, 덧셈과 뺄셈을 완성해 봅시다.

1

나는 하나도
안 골랐어.

$5+\square$

2

새로미 너는
하나도 안
골랐구나.

$\square+5$

3

$5-\square$

4

또바기가
다 가져갔네.

$5-\square$

개념이 쏙쏙

- (어떤 수)에 0(영)을 더하면 전체 수는 늘어나지 않습니다. 예 $5+0=5$
- 0(영)에 (어떤 수)를 더하면 (어떤 수)가 됩니다. 예 $0+5=5$
- (어떤 수)에서 0(영)을 빼면 전체 수는 줄어들지 않습니다. 예 $5-0=5$
- 전체에서 전체를 빼면 0(영)이 됩니다. 예 $5-5=0$

한걸음 두걸음

0(영)을 더하거나 빼 봅시다

1 그림을 보고 덧셈식을 알맞게 써 봅시다.

$\square + 4 = \square$

2 그림을 보고 뺄셈식을 알맞게 써 봅시다.

너 기다리고 있었지.
왜 안 먹고 있어?

$6 - \square = \square$

0(영)을 더하거나 빼 봅시다

덧셈과 뺄셈을 해 봅시다.

1. 3+0=□
2. 0+3=□
3. 7+0=□
4. 0+7=□
5. 2−0=□
6. 2−2=□
7. 6−0=□
8. 6−6=□

그림을 보고, 덧셈식과 뺄셈식을 알맞게 써 봅시다.

1.

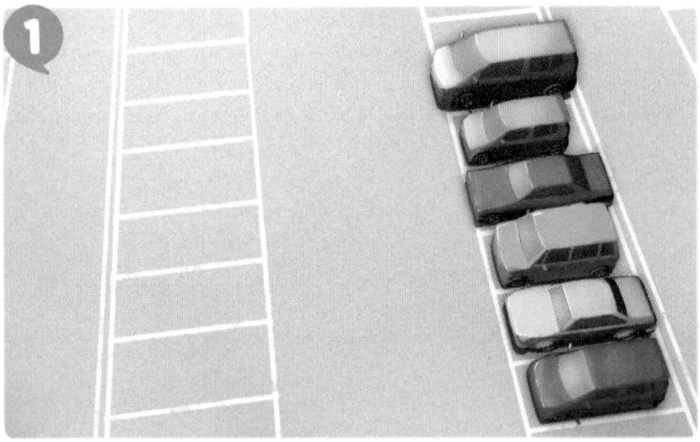

□+6=□

2.

6−□=0

3.

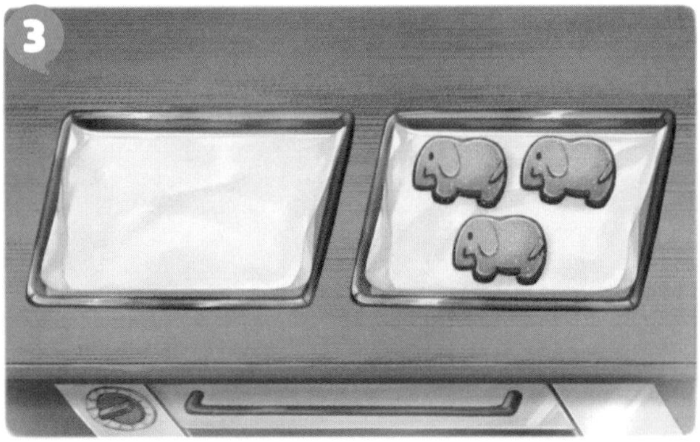

0+□=□

4.

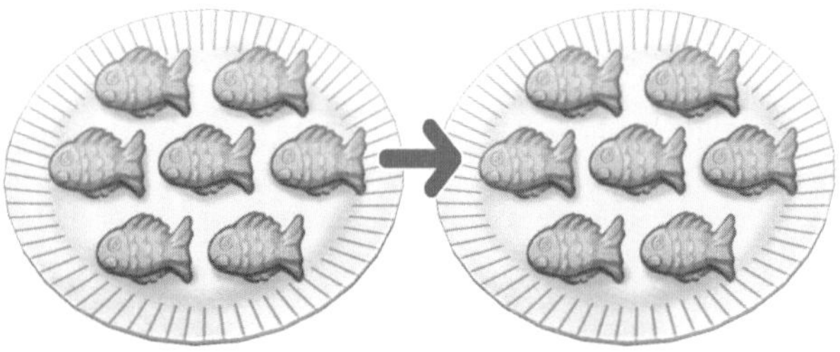

7−□=7

0(영)을 더하거나 빼 봅시다

 붙임딱지를 붙이고, 그림에 알맞은 덧셈식과 뺄셈식을 만들어 봅시다.

붙임딱지 ❶ 활용

① 오른쪽 그림에 붙임딱지를 붙이고 덧셈식을 만들어 보세요.

왼쪽 진열대와 오른쪽 진열대에 있는 아이스크림 케이크는 모두 몇 개일까?

$$0 + \boxed{} = \boxed{}$$

② 왼쪽 그림에 붙임딱지를 붙이고 뺄셈식을 만들어 보세요.

키즈카페에서 놀던 아이들이 모두 어디로 갔을까?

$$\boxed{} - \boxed{} = 0$$

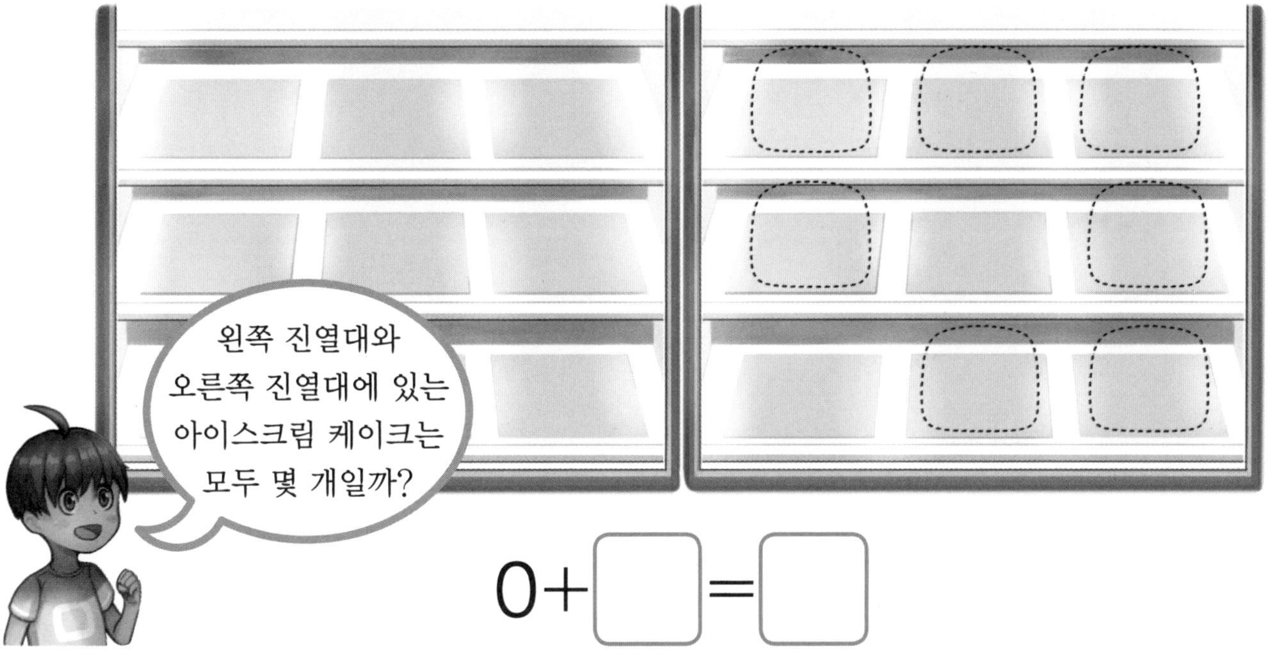

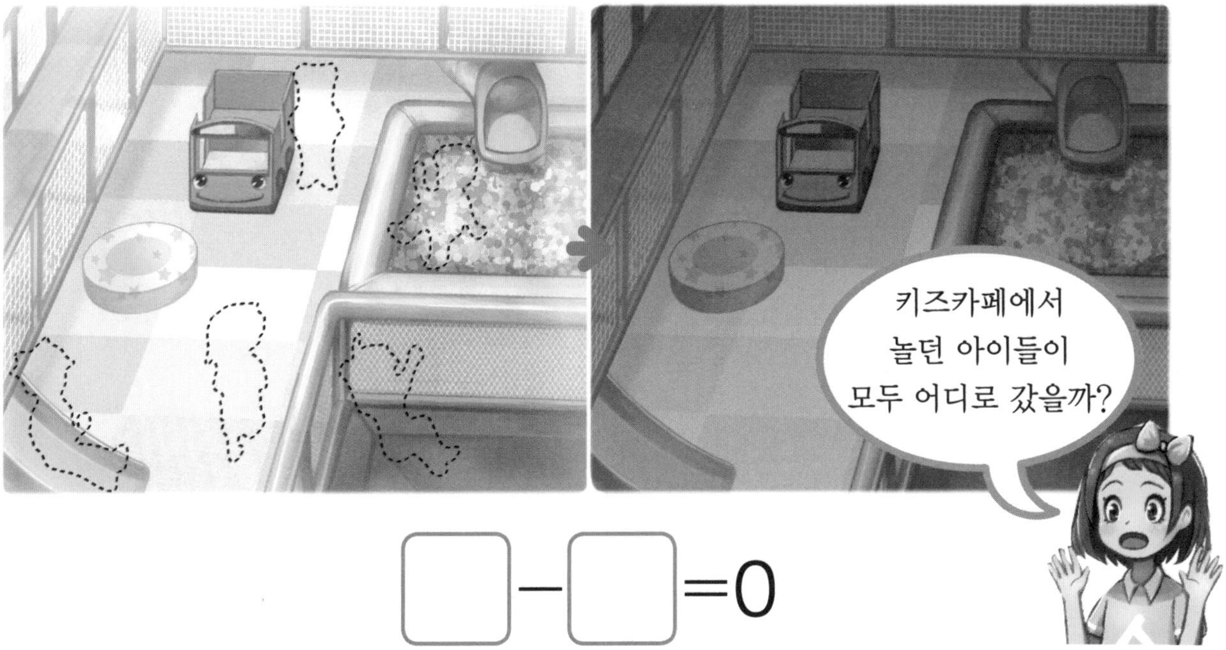

덧셈과 뺄셈을 해 봅시다

과자를 색연필로 색칠하고, 과자가 몇 개인지 말해 봅시다.

빈칸에 알맞은 수를 쓰고, 덧셈식과 뺄셈식을 만들어 봅시다.

1. □ + □ = □

2. □ − □ = □

생각하기 1 주인 아저씨가 과자를 진열한 후, 과자는 모두 몇 개가 되었나요?

생각하기 2 친구들이 과자를 사고 난 후, 진열대에 남은 과자는 몇 개인가요?

덧셈과 뺄셈을 해 봅시다

덧셈을 해 봅시다.

1

$6+0=\square$

2

$6+1=\square$

3

$6+3=\square$

4

$0+3=\square$

5

$1+2=\square$

6

$3+0=\square$

뺄셈을 해 봅시다.

① $4-0=\boxed{}$

② $4-1=\boxed{}$

③ $4-2=\boxed{}$

④ $4-3=\boxed{}$

⑤ $4-4=\boxed{}$

 빈칸에 +, −를 알맞게 써 봅시다.

① $9\boxed{}5=4$ ② $2\boxed{}1=3$ ③ $1\boxed{}4=5$

④ $8\boxed{}6=2$ ⑤ $5\boxed{}5=0$ ⑥ $3\boxed{}3=6$

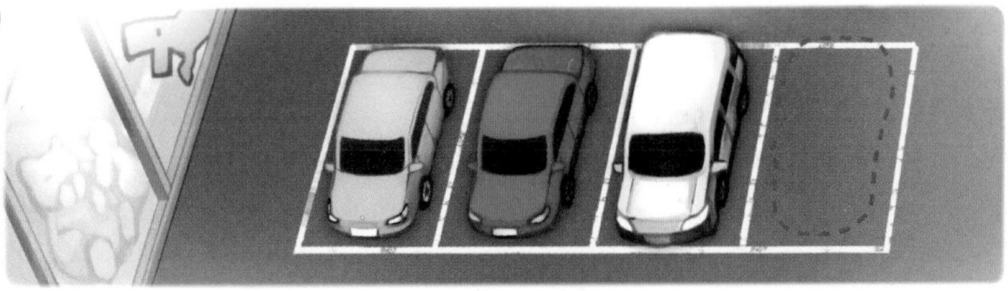

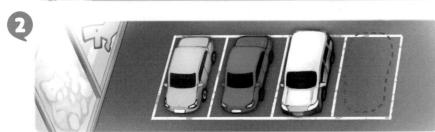

덧셈과 뺄셈을 해 봅시다

그림에 알맞게 덧셈식과 뺄셈식을 만들어 봅시다.

1

$5+2=\square$

2

$7-3=\square$

3

$6+\square=\square$

4

$8-\square=\square$

5

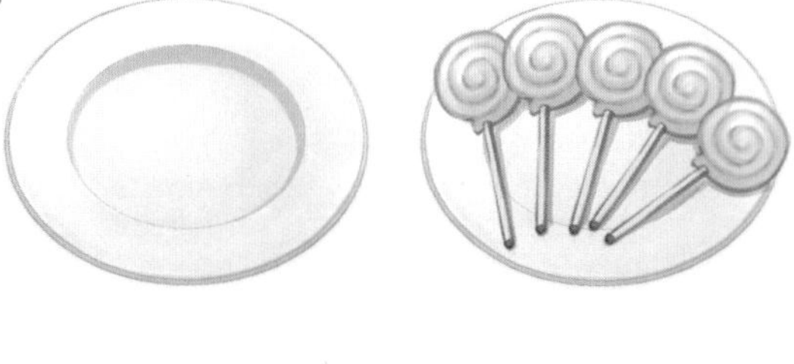

$0+\square=\square$

6

$9-\square=\square$

덧셈과 뺄셈을 해 봅시다

자유롭게 붙임딱지를 붙이고, 그림에 알맞은 덧셈식과 뺄셈식을 만들어 봅시다.

붙임딱지 2 활용

1 가게 진열대와 카트 위에 붙임딱지를 붙이고 덧셈식을 만들어 보세요.

진열대와
카트 위에 있는
장난감은 모두
몇 개지?

□ + □ = □

2 가게 진열대 위에 붙임딱지를 붙이고 뺄셈식을 만들어 보세요.

어느 것이
더 많지?

□ − □ = □

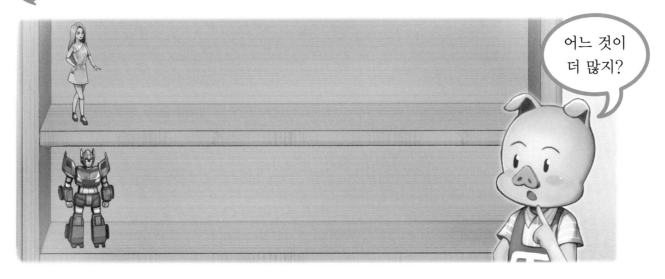

1 더하기를 해 봅시다.

❶ $1+3=\boxed{}$

❷ $2+7=\boxed{}$

❸ $5+3=\boxed{}$

❹ $6+1=\boxed{}$

❺ $3+3=\boxed{}$

❻ $4+4=\boxed{}$

❼ $9+0=\boxed{}$

❽ $0+4=\boxed{}$

❾
$$\begin{array}{r} 3 \\ +\ 5 \\ \hline \boxed{} \end{array}$$

❿
$$\begin{array}{r} 1 \\ +\ 8 \\ \hline \boxed{} \end{array}$$

⓫
$$\begin{array}{r} 4 \\ +\ 3 \\ \hline \boxed{} \end{array}$$

⓬
$$\begin{array}{r} 6 \\ +\ 2 \\ \hline \boxed{} \end{array}$$

⓭
$$\begin{array}{r} 2 \\ +\ 2 \\ \hline \boxed{} \end{array}$$

⓮
$$\begin{array}{r} 3 \\ +\ 0 \\ \hline \boxed{} \end{array}$$

2 빼기를 해 봅시다.

① $3 - 2 = \boxed{}$

② $8 - 3 = \boxed{}$

③ $5 - 1 = \boxed{}$

④ $7 - 5 = \boxed{}$

⑤ $7 - 2 = \boxed{}$

⑥ $6 - 2 = \boxed{}$

⑦ $9 - 9 = \boxed{}$

⑧ $4 - 0 = \boxed{}$

⑨
$$\begin{array}{r} 9 \\ -\ 2 \\ \hline \boxed{} \end{array}$$

⑩
$$\begin{array}{r} 8 \\ -\ 7 \\ \hline \boxed{} \end{array}$$

⑪
$$\begin{array}{r} 3 \\ -\ 1 \\ \hline \boxed{} \end{array}$$

⑫
$$\begin{array}{r} 4 \\ -\ 2 \\ \hline \boxed{} \end{array}$$

⑬
$$\begin{array}{r} 5 \\ -\ 5 \\ \hline \boxed{} \end{array}$$

⑭
$$\begin{array}{r} 6 \\ -\ 0 \\ \hline \boxed{} \end{array}$$

상장

이름: ______________

위 어린이는 또바기와 모도리의

야무진 수학 3단계를 훌륭하게 마쳤으므로

이 상장을 주어 칭찬합니다.

년 월 일

정답

10쪽

알아볼까요?
모으기를 해 봅시다
그림을 보고, 빈칸에 알맞은 수를 써 봅시다.
5 명
3 명
2 명
1 처음 엘리베이터를 타고 있던 사람은 몇 명인가요? 3명
2 엘리베이터를 타려고 하는 사람은 몇 명인가요? 2명
3 엘리베이터를 타고 있던 사람과 새롭게 탄 사람을 모으면 모두 몇 명이 되나요? 5명
개념이 쏙쏙
• 과 를 모으면 가 됩니다.
3 2 5
• 3과 2를 모아서 5가 되는 것처럼 수는 서로 모으기를 할 수 있습니다.
10

11쪽

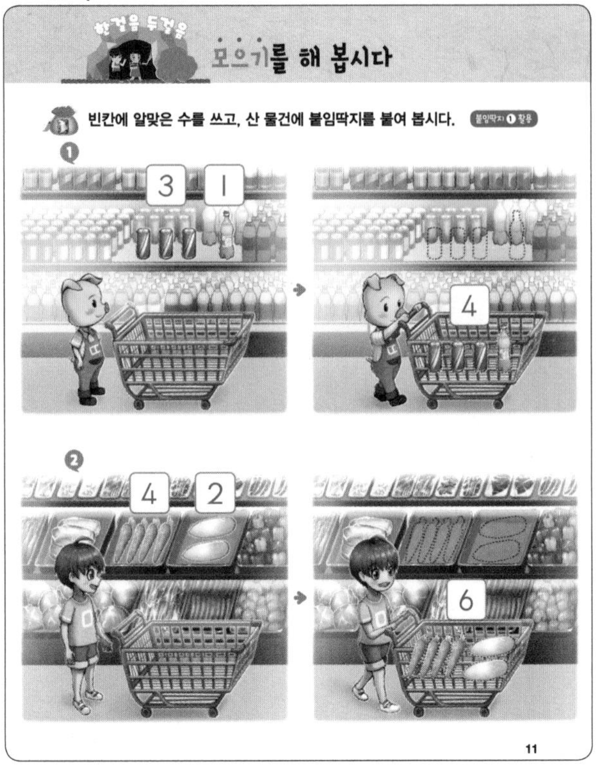
한걸음 두걸음
모으기를 해 봅시다
빈칸에 알맞은 수를 쓰고, 산 물건에 붙임딱지를 붙여 봅시다. 붙임딱지 1 활용
1
3 1
4
2
4 2
6
11

12쪽

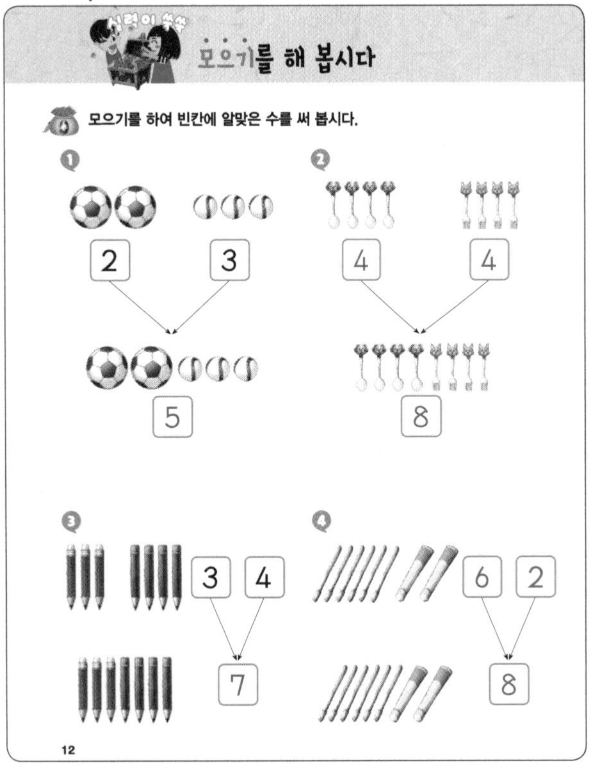
실력이 쑥쑥
모으기를 해 봅시다
모으기를 하여 빈칸에 알맞은 수를 써 봅시다.
1
2 3
5
2
4 4
8
3
3 4
7
4
6 2
8
12

13쪽

재미가 솔솔
모으기를 해 봅시다
새로미의 그림일기를 읽고, 빈칸에 알맞은 수를 써 봅시다.
20○○년 5월 5일 금요일 날씨: 해님이 웃는 날
13

	장	난	감		가	게	에	서		친	구	를		만
났	다	.	나	는		토	끼		인	형		2	개	를
샀	고		또	바	기	는		강	아	지		인	형	
3	개	를		샀	다	.	둘	이		산		인	형	을
바	구	니	에		모	았	더	니		5	개	가		되
었	다	.	즐	거	운		하	루	였	다	.			

14쪽

알아볼까요? 가르기를 해 봅시다

그림을 보고, 빈칸에 알맞은 수를 써 봅시다.

1 엘리베이터에 타고 있던 사람은 몇 명인가요? 5명

2 옷을 구경하기 위해 왼쪽 방향으로 가는 사람은 몇 명인가요? 2명

3 장난감을 구경하기 위해 오른쪽 방향으로 가는 사람은 몇 명인가요? 3명

개념이 쏙쏙

- (5)를 (2)과 (3)로 가르기할 수 있습니다.
- 5를 2와 3으로 가르는 것처럼 수는 서로 가르기를 할 수 있습니다.

14

15쪽

한걸음 두걸음 가르기를 해 봅시다

빈칸에 알맞은 수를 쓰고, 산 물건에 붙임딱지를 붙여 봅시다. 붙임딱지 1 활용

1

4
3
1

2

6
2
4

15

16쪽

사고력이 쑥쑥 가르기를 해 봅시다

가르기를 하여 빈칸에 알맞은 수를 써 봅시다.

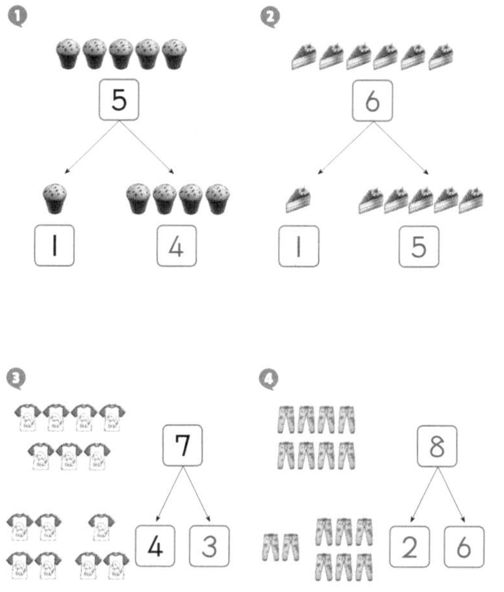

1
5
1
4
2
6
1
5
3
7
4
3
4
8
2
6

16

17쪽

재미가 솔솔 가르기를 해 봅시다

새로미는 젤리 5개를 가족과 나누어 먹으려고 합니다. 새로미가 먹을 수 있는 젤리의 수만큼 젤리를 색칠해 보고, 빈칸에 알맞은 수를 써 봅시다.

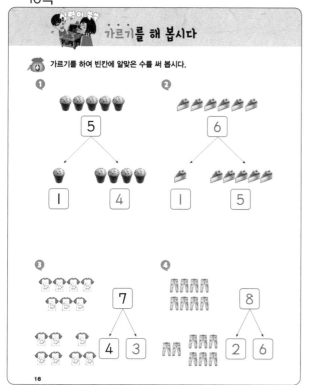

1
아빠는 4개를 먹어야겠다.
난 1 개를 먹을 수 있어.
2
엄마는 3개를 먹어야겠다.
난 2 개를 먹을 수 있어.
3
언니는 2개 먹을게.
난 3 개를 먹을 수 있어.
4
난 1개면 충분해.
난 4 개를 먹을 수 있어.

17

20쪽

알아볼까요? 더하기를 해 봅시다

그림을 보고, 빈칸에 알맞은 수를 써 봅시다.

1. 모도리가 사려고 하는 책은 몇 권인가요? 3권
2. 또바기가 사려고 하는 책은 몇 권인가요? 2권
3. 모도리가 산 책과 또바기가 산 책을 합하면 책은 모두 몇 권인가요? 5권

20

21쪽

모도리와 또바기가 산 책은 모두 몇 권인지 알아봅시다.

1. 책의 수에 맞게 ✿를 색칠해 봅시다.

2. 책의 수에 맞게 빈칸에 알맞은 수를 써 봅시다.

3 | 2 → 5

개념이 쑥쑥

2와 3을 합하여 5가 된 것처럼 수를 더할 때
2 + 3 = 5로 쓰고
이(2) 더하기 삼(3)은 오(5)와 같습니다.라고 읽습니다.

21

22쪽

한걸음 두걸음 더하기를 해 봅시다

1. +(더하기)와 =(같습니다)를 읽으면서, 따라 써 봅시다.

+	+	+			
=	=	=			

2. 보기와 같이 빈칸에 알맞게 쓰고, 읽어 봅시다.

보기
1 + 2 = 3
일(1) 더하기 이(2)는 삼(3)과 같습니다.
일(1)과 이(2)의 합은 삼(3)입니다.

1. 1 + 3 = 4
일(1) 더하기 삼(3)은 사(4)와 같습니다.
일(1)과 삼(3)의 합은 사(4)입니다.

2. 3 + 2 = 5
삼(3) 더하기 이(2)는 오(5)와 같습니다.
삼(3)과 이(2)의 합은 오(5)입니다.

22

23쪽

보기와 같이 빈칸에 물건의 수만큼 ○를 그리고, 더하기를 해 봅시다.

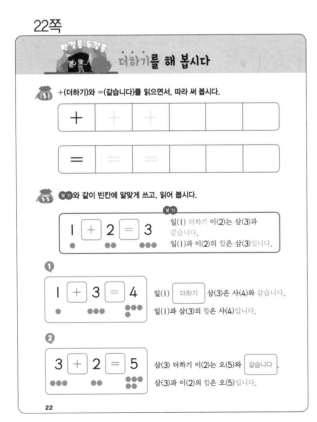

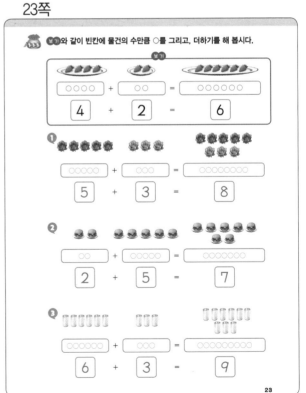

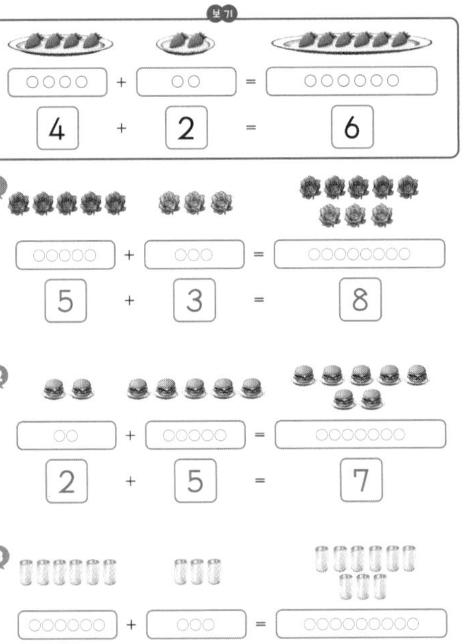

보기
○○○○ + ○○ = ○○○○○○
4 + 2 = 6

1. ○○○○○ + ○○○ = ○○○○○○○○
5 + 3 = 8

2. ○○ + ○○○○○ = ○○○○○○○
2 + 5 = 7

3. ○○○○○○ + ○○○ = ○○○○○○○○○
6 + 3 = 9

23

24쪽

더하기를 해 봅시다

더하기를 해 봅시다.

① 모도리가 가진 색종이는 모두 몇 장이 되나요?

→ 4 + 2 = 6

② 또바기가 가진 사탕은 모두 몇 개가 되나요?

→ 7 + 1 = 8

③ 새로미가 가진 연필은 모두 몇 자루가 되나요?

→ 5 + 4 = 9

24

25쪽

더하기를 해 봅시다

더하기를 해서 5가 되는 칸을 색칠해 봅시다.

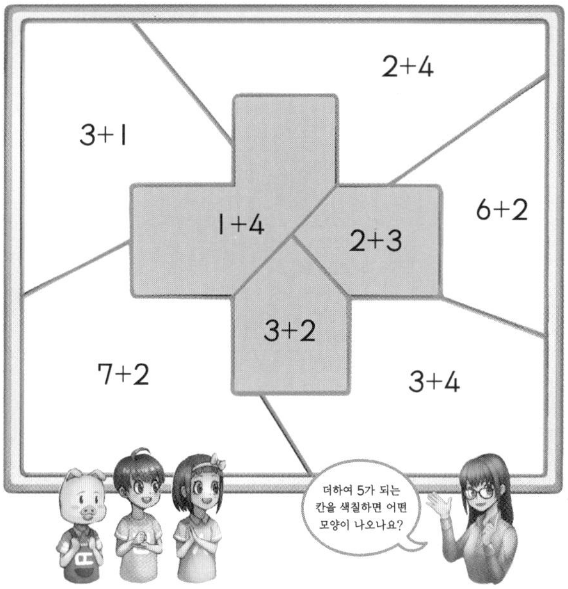

25

26쪽

식 만들기를 이용하여 더하기를 해 봅시다

그림을 보고, 빈칸에 알맞은 수를 써 봅시다.

26

27쪽

빈칸에 알맞은 수를 써 봅시다.

①

덧셈식

3 + 2 = 5

②

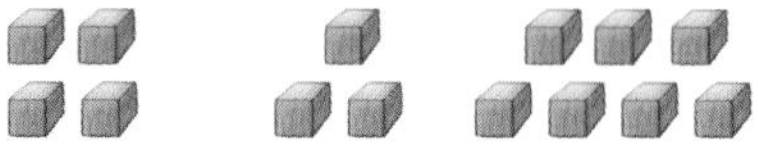

덧셈식

4 + 3 = 7

③

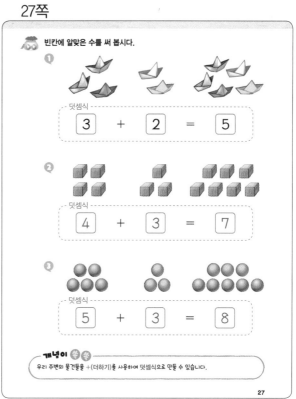

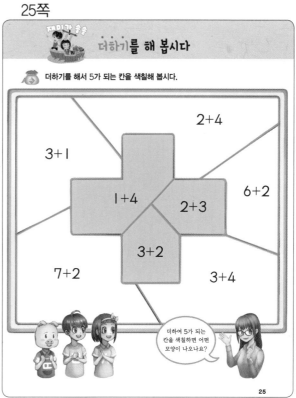

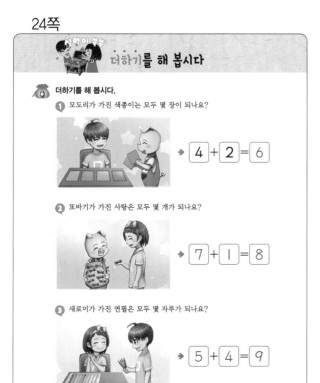

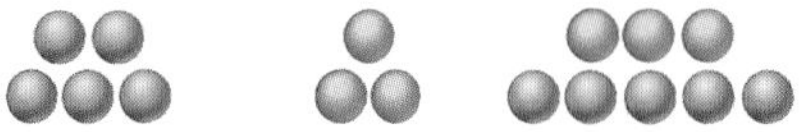

덧셈식

5 + 3 = 8

개념이 쏙쏙

우리 주변의 물건들을 +(더하기)를 사용하여 덧셈식으로 만들 수 있습니다.

27

28쪽

한걸음 두걸음

식 만들기를 이용하여 더하기를 해 봅시다

그림을 보고, 더하기를 해 봅시다.

1. 사람은 모두 몇 명인가요?

3 + 4 = 7

2. 자동차는 모두 몇 대인가요?

2 + 4 = 6

3. 빵은 모두 몇 개인가요?

3 + 5 = 8

4. 구슬은 모두 몇 개인가요?

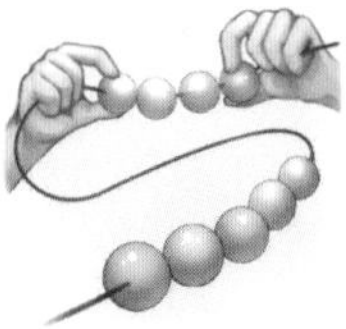

5 + 4 = 9

28

29쪽

또바기와 모도리가 산 물건들을 장바구니에 담으려고 합니다. 더하기를 해 봅시다.

1. 과일(,)은 모두 몇 개인가요? 3 + 5 = 8
2. 과자(,)는 모두 몇 개인가요? 3 + 3 = 6
3. 음료수(,)는 모두 몇 개인가요? 3 + 2 = 5

29

30쪽

시력이 쑥쑥

식 만들기를 이용하여 더하기를 해 봅시다

덧셈식을 만들어 더하기를 해 봅시다.

1. 집 안에 강아지 1마리와 고양이 2마리가 있습니다. 집 안에 있는 동물들은 모두 몇 마리인가요?

강아지 수		고양이 수		집 안에 있는 동물 수
1	+	2	=	3

2. 모도리가 떡을 먹고 있습니다. 초록색 떡을 3개 먹고 분홍색 떡을 4개 먹는다면 모도리가 먹은 떡은 모두 몇 개인가요?

초록색 떡의 수		분홍색 떡의 수		모도리가 먹은 떡의 수
3	+	4	=	7

30

31쪽

재미가 솔솔

식 만들기를 이용하여 더하기를 해 봅시다

그림에서 과 를 찾아 ○표를 하고, 덧셈식을 만들어 봅시다.

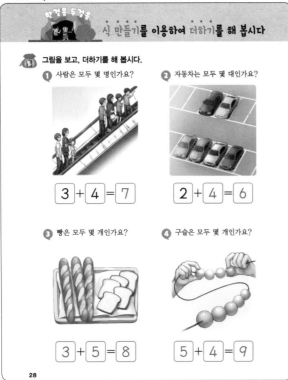

4 + 2 = 6

31

32쪽

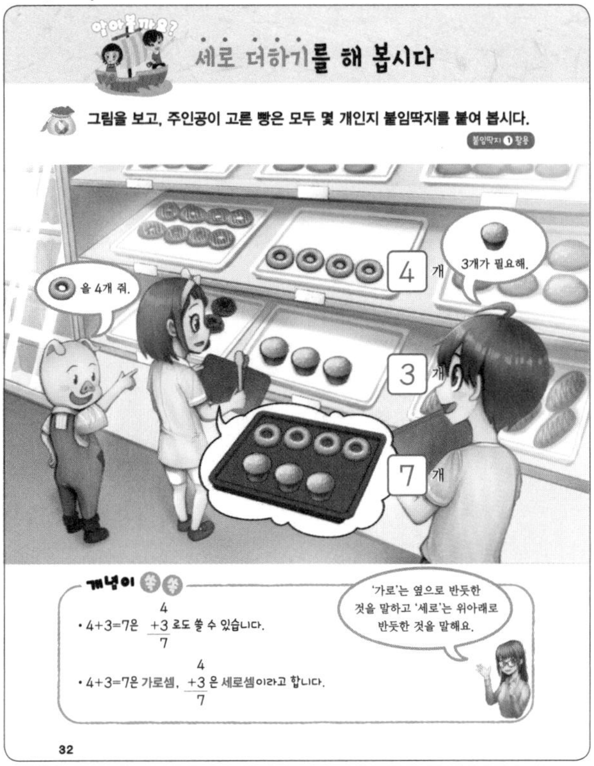

세로 더하기를 해 봅시다

그림을 보고, 주인공이 고른 빵은 모두 몇 개인지 붙임딱지를 붙여 봅시다.

33쪽

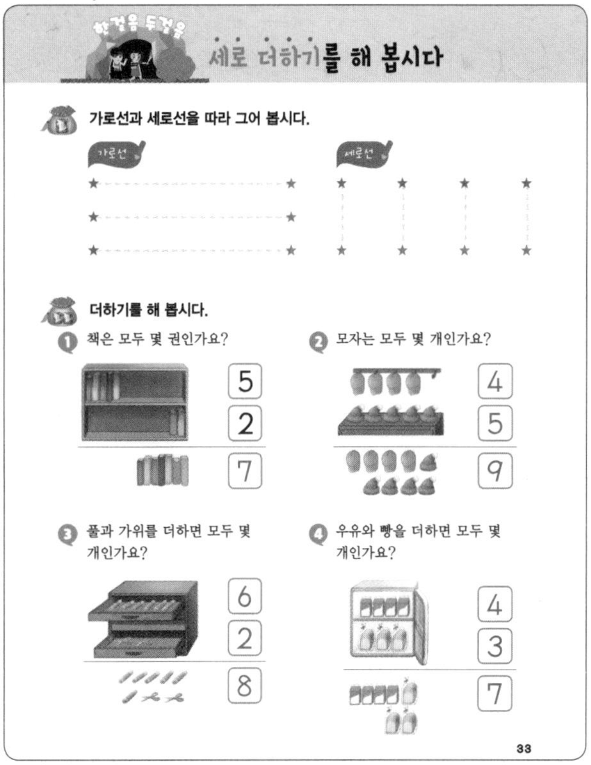

세로 더하기를 해 봅시다

가로선과 세로선을 따라 그어 봅시다.

더하기를 해 봅시다.

❶ 책은 모두 몇 권인가요?
5
2
7

❷ 모자는 모두 몇 개인가요?
4
5
9

❸ 풀과 가위를 더하면 모두 몇 개인가요?
6
2
8

❹ 우유와 빵을 더하면 모두 몇 개인가요?
4
3
7

34쪽

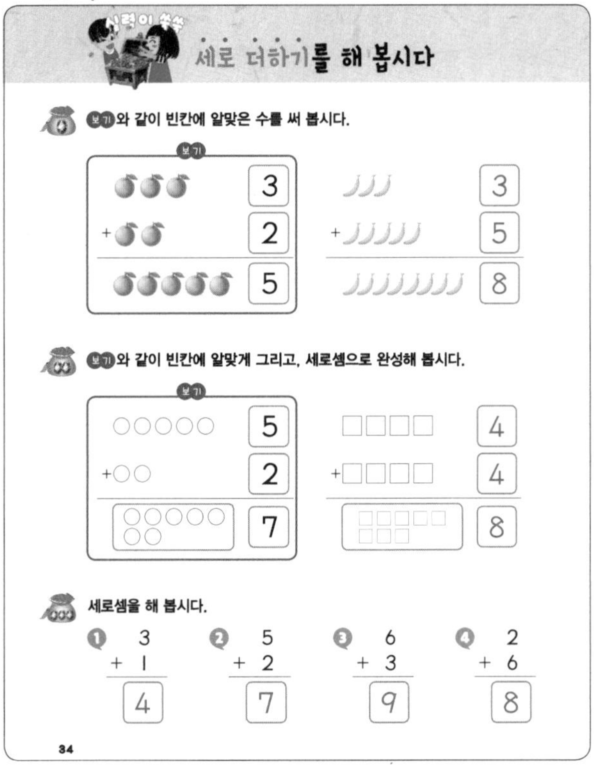

세로 더하기를 해 봅시다

보기와 같이 빈칸에 알맞은 수를 써 봅시다.

3
+ 2
5

3
+ 5
8

보기와 같이 빈칸에 알맞게 그리고, 세로셈으로 완성해 봅시다.

5
+ 2
7

4
+ 4
8

세로셈을 해 봅시다.

❶ 3
  + 1
  4

❷ 5
  + 2
  7

❸ 6
  + 3
  9

❹ 2
  + 6
  8

35쪽

세로 더하기를 해 봅시다

더해서 6이 되는 비눗방울을 색칠해 봅시다.

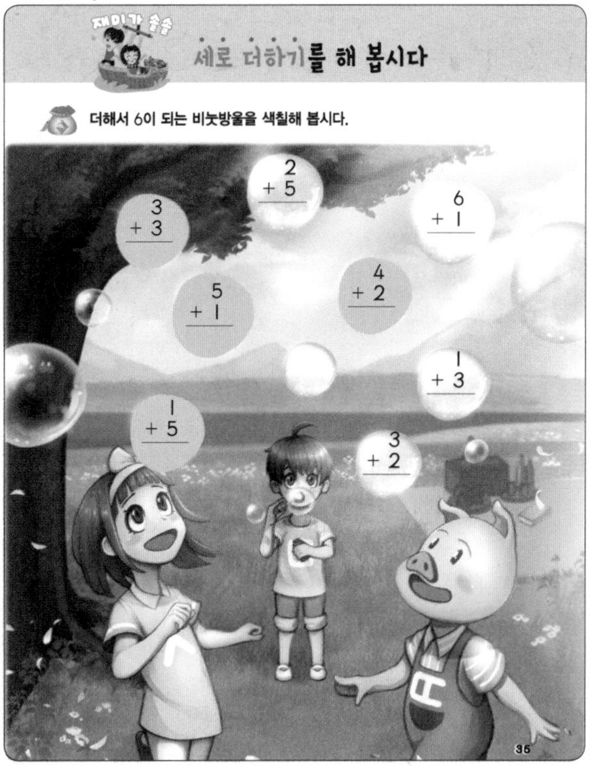

36쪽

알아볼까요? **빼기를 해 봅시다**

그림을 보고, 빈칸에 알맞은 수를 써 봅시다.

(또바기는 벌써 3개나 먹었네? 급하게 먹으면 체해!)

4 개

1 개

1. 처음에는 한 접시에 만두가 몇 개씩 있었나요? 4개

2. 또바기가 먹은 만두는 몇 개인가요? 3개

3. 또바기의 남은 만두는 몇 개인가요? 1개

36

37쪽

또바기가 먹은 만두 수와 먹고 남은 만두 수는 몇 개인지 알아봅시다.

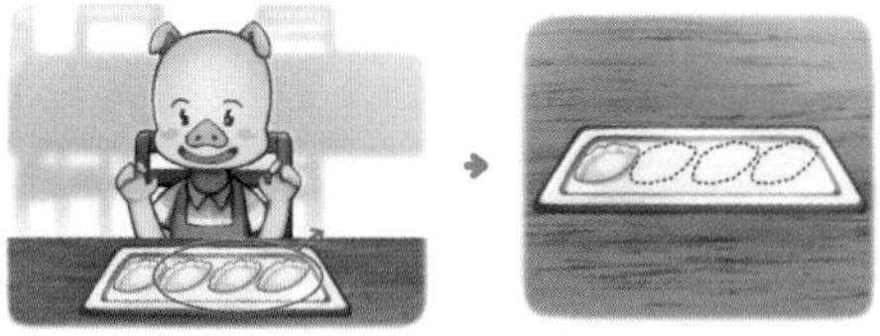

1. 또바기가 먹은 만두 수에 맞게 점선을 따라 그려 봅시다.

2. 또바기의 만두 수에 맞게 빈칸에 알맞은 수를 써 봅시다.

처음 만두 수	먹은 만두 수	남은 만두 수
4	3	1

개념이
네 개에서 세 개가 없어지고 한 개가 남아 있는 것을 수로 나타낼 때는
4－3＝1 로 쓰고
사(4) 빼기 삼(3)은 일(1)과 같습니다.라고 읽습니다.

37

38쪽

한걸음 두걸음 **빼기를 해 봅시다**

－(빼기)를 읽으면서 따라 써 봅시다.

－					

(빼기는 '차'라는 말을 사용하기도 합니다. '차'라는 말을 써서 뺄셈을 읽어 봅시다.)

보기와 같이 빈칸에 알맞게 쓰고, 읽어 봅시다.

보기
4 － 1 ＝ 3
●●● | ● | ●●●
사(4) 빼기 일(1)은 삼(3)과 같습니다.
사(4)와 일(1)의 차는 삼(3)입니다.

1.
5 － 3 ＝ 2
●●● | ●●● | ●●
오(5) 빼기 삼(3)은 이(2)와 같습니다.
오(5)와 삼(3)의 차는 이(2)입니다.

2.
3 － 2 ＝ 1
●●● | ●● | ●
삼(3) 빼기 이(2)는 일(1)과 같습니다.
삼(3)과 이(2)의 차는 일(1)입니다.

38

39쪽

그림에 맞게 ○를 /로 지우고, 빈칸에 알맞은 수를 써 봅시다.

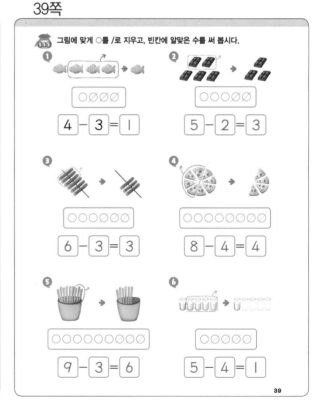

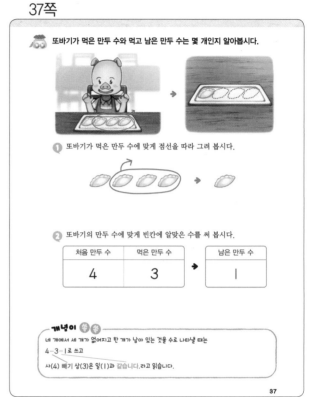

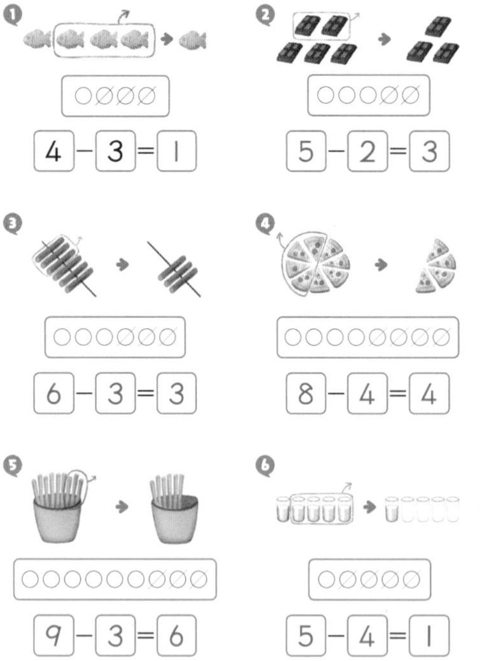

1.
○○∅∅
4 － 3 ＝ 1

2.
○○○∅∅
5 － 2 ＝ 3

3.
○○○○○○
6 － 3 ＝ 3

4.
○○○○○○○○
8 － 4 ＝ 4

5.
○○○○○○○○○
9 － 3 ＝ 6

6.
○○○○○
5 － 4 ＝ 1

40쪽

빼기를 해 봅시다

빈칸에 알맞은 수를 써 봅시다.

1 모도리의 주먹밥은 또바기의 주먹밥보다 몇 개 더 많을까요?

→ 8 − 3 = 5

2 또바기의 메달은 새로미의 메달보다 몇 개 더 많을까요?

→ 5 − 2 = 3

3 새로미의 반지는 모도리의 반지보다 몇 개 더 많을까요?

→ 5 − 3 = 2

40

41쪽

빼기를 해 봅시다

빼기를 해서 3이 되는 칸을 색칠해 봅시다.

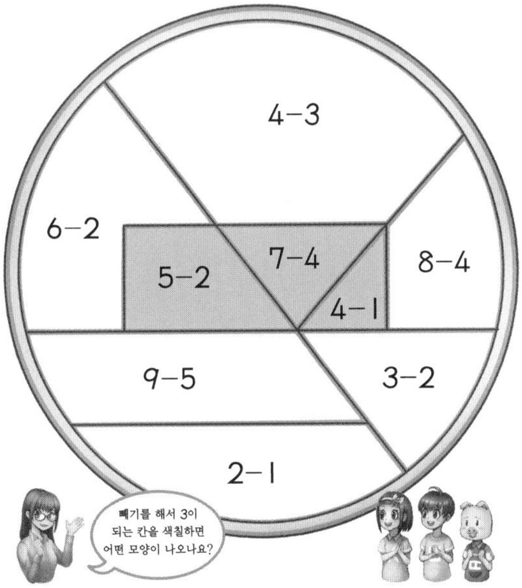
4−3
6−2
5−2
7−4
8−4
4−1
9−5
3−2
2−1
빼기를 해서 3이 되는 칸을 색칠하면 어떤 모양이 나오나요?

41

42쪽

식 만들기를 이용하여 빼기를 해 봅시다

그림을 보고, 빈칸에 알맞은 수를 써 봅시다.

6 − 2
3 − 2
5 − 1

42

43쪽

빈칸에 알맞은 수를 써 봅시다.

1

뺄셈식 3 − 2 = 1

2

뺄셈식 5 − 1 = 4

3

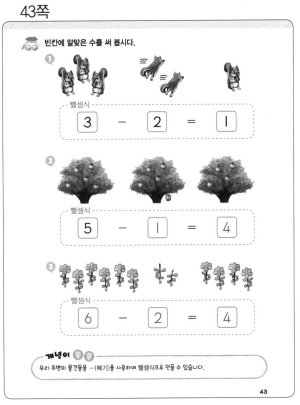

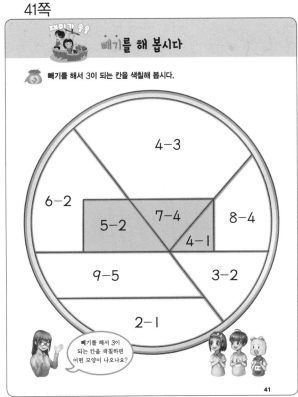

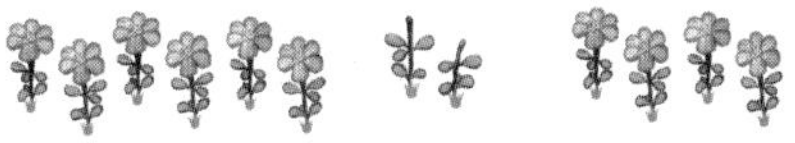

뺄셈식 6 − 2 = 4

개념이 쏙쏙

우리 주변의 물건들을 −(빼기)를 사용하여 뺄셈식으로 만들 수 있습니다.

43

44쪽

한걸음 두걸음

식 만들기를 이용하여 빼기를 해 봅시다

그림을 보고 빼기를 해 봅시다.

1. 남아 있는 블록은 모두 몇 개인가요?

6 − 3 = 3

2. 책장에 남아 있는 책은 모두 몇 권인가요?

7 − 3 = 4

3. 계속 돌아가고 있는 팽이는 모두 몇 개인가요?

5 − 1 = 4

4. 골대에 들어간 축구공은 모두 몇 개인가요?

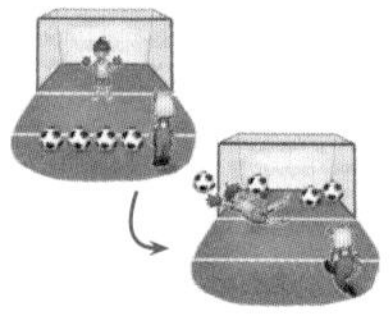

4 − 1 = 3

44

45쪽

또바기와 모도리가 점심밥을 먹으려고 합니다. 빼기를 해 봅시다.

1. 또바기는 모도리보다 가 몇 개 더 있나요? 5 − 4 = 1
2. 또바기는 모도리보다 가 몇 개 더 있나요? 4 − 2 = 2
3. 또바기는 모도리보다 가 몇 개 더 있나요? 6 − 3 = 3

45

46쪽

시력이 쑥쑥

식 만들기를 이용하여 빼기를 해 봅시다

뺄셈식을 만들어 빼기를 해 봅시다.

1. 초콜릿이 5개 있습니다. 그중에서 2개를 먹었습니다. 남은 초콜릿은 모두 몇 개인가요?

처음 초콜릿 수		먹은 초콜릿 수		남은 초콜릿 수
5	−	2	=	3

2. 공원에 7명이 앉아 있습니다. 그중 3명이 자리를 떠났다면 남은 사람은 모두 몇 명인가요?

처음에 있던 사람 수		떠난 사람 수		남은 사람 수
7	−	3	=	4

46

47쪽

재미가 솔솔

식 만들기를 이용하여 빼기를 해 봅시다

위 그림과 아래 그림을 보고, 없어진 물건은 몇 개인지 써 봅시다.

 2 개

 5 개

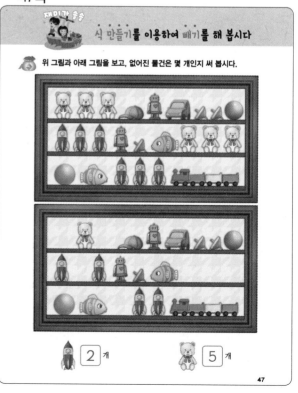

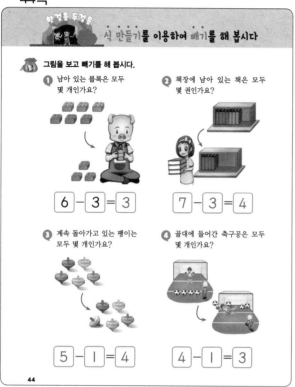

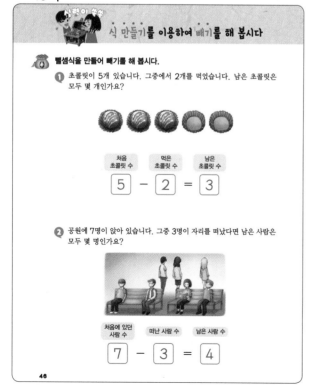

47

48쪽

세로 빼기를 해 봅시다

빈칸에 알맞은 수를 써 봅시다.

❶ 달려가는 사람은 모두 몇 명인가요? [3] 명

❷ 의자는 모두 몇 개인가요? [2] 개

❸ 앉지 못한 사람은 모두 몇 명인가요? [1] 명

개념이 쏙쏙

- 3−2=1은 $\begin{array}{r} 3 \\ -2 \\ \hline 1 \end{array}$ 로도 쓸 수 있습니다.
- 3−2=1은 가로셈, $\begin{array}{r} 3 \\ -2 \\ \hline 1 \end{array}$ 은 세로셈이라고 합니다.

48

49쪽

세로 빼기를 해 봅시다

그림을 보고, 빼기를 해 봅시다.

❶ 빈 접시는 모두 몇 개인가요? 5, 2, 3

❷ 바나나를 먹지 못한 원숭이는 몇 마리인가요? 7, 4, 3

❸ 토끼는 다람쥐보다 몇 마리 더 많은가요? 8, 4, 4

❹ 버스는 택시보다 몇 대 더 많은가요? 8, 3, 5

❺ 독수리는 참새보다 몇 마리 더 많은가요? 6, 5, 1

❻ 고래는 상어보다 몇 마리 더 많은가요? 9, 7, 2

49

50쪽

세로 빼기를 해 봅시다

보기와 같이 빈칸에 알맞은 수를 써 봅시다.

보기: 4, −3, 1 — 5, −3, 2

보기와 같이 빈칸에 알맞게 그리고, 세로셈으로 완성해 봅시다.

보기: ○○○○○○ 6, −○○○○ 4, ○○ 2 — △△△△△ 5, − △ 1, △△△△ 4

세로셈을 해 봅시다.

❶ $\begin{array}{r} 7 \\ -\ 2 \\ \hline 5 \end{array}$ ❷ $\begin{array}{r} 5 \\ -\ 4 \\ \hline 1 \end{array}$ ❸ $\begin{array}{r} 9 \\ -\ 3 \\ \hline 6 \end{array}$ ❹ $\begin{array}{r} 8 \\ -\ 7 \\ \hline 1 \end{array}$

50

51쪽

세로 빼기를 해 봅시다

빼기를 해서 3이 되는 거북을 색칠해 봅시다.

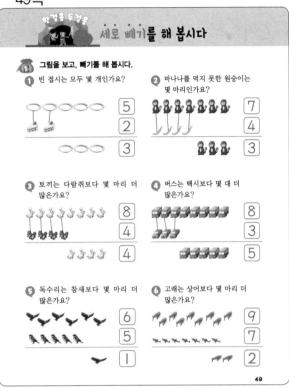

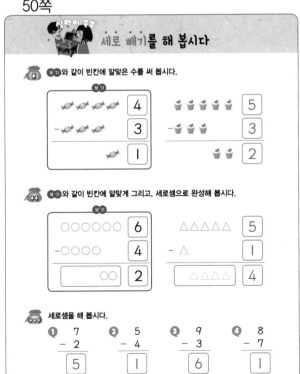

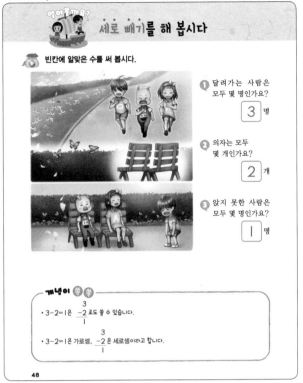

51

52쪽

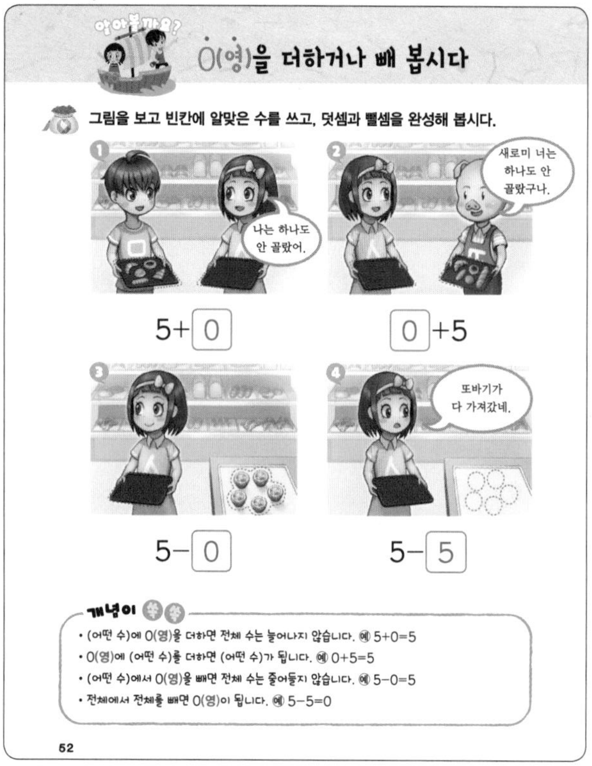

알아볼까요?

0(영)을 더하거나 빼 봅시다

그림을 보고 빈칸에 알맞은 수를 쓰고, 덧셈과 뺄셈을 완성해 봅시다.

나는 하나도 안 골랐어.
새로미 너는 하나도 안 골랐구나.
또바기가 다 가져갔네.

1. 5+[0]
2. [0]+5
3. 5−[0]
4. 5−[5]

개념이 쏙쏙
- (어떤 수)에 0(영)을 더하면 전체 수는 늘어나지 않습니다. 예 5+0=5
- 0(영)에 (어떤 수)를 더하면 (어떤 수)가 됩니다. 예 0+5=5
- (어떤 수)에서 0(영)을 빼면 전체 수는 줄어들지 않습니다. 예 5−0=5
- 전체에서 전체를 빼면 0(영)이 됩니다. 예 5−5=0

52

53쪽

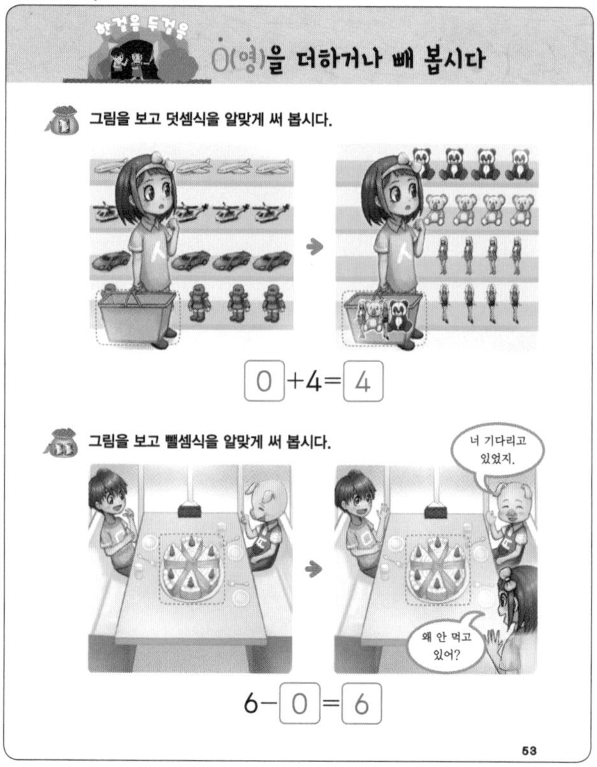

한걸음 두걸음

0(영)을 더하거나 빼 봅시다

그림을 보고 덧셈식을 알맞게 써 봅시다.

[0]+4=[4]

그림을 보고 뺄셈식을 알맞게 써 봅시다.

너 기다리고 있었지.
왜 안 먹고 있어?

6−[0]=[6]

53

54쪽

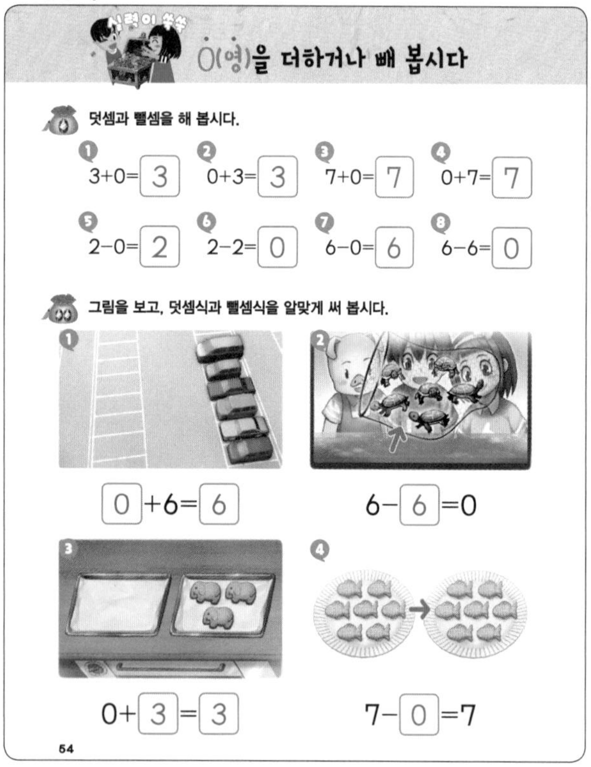

실력이 쑥쑥

0(영)을 더하거나 빼 봅시다

덧셈과 뺄셈을 해 봅시다.

1. 3+0=[3]
2. 0+3=[3]
3. 7+0=[7]
4. 0+7=[7]
5. 2−0=[2]
6. 2−2=[0]
7. 6−0=[6]
8. 6−6=[0]

그림을 보고, 덧셈식과 뺄셈식을 알맞게 써 봅시다.

1. [0]+6=[6]
2. 6−[6]=0
3. 0+[3]=[3]
4. 7−[0]=7

54

55쪽

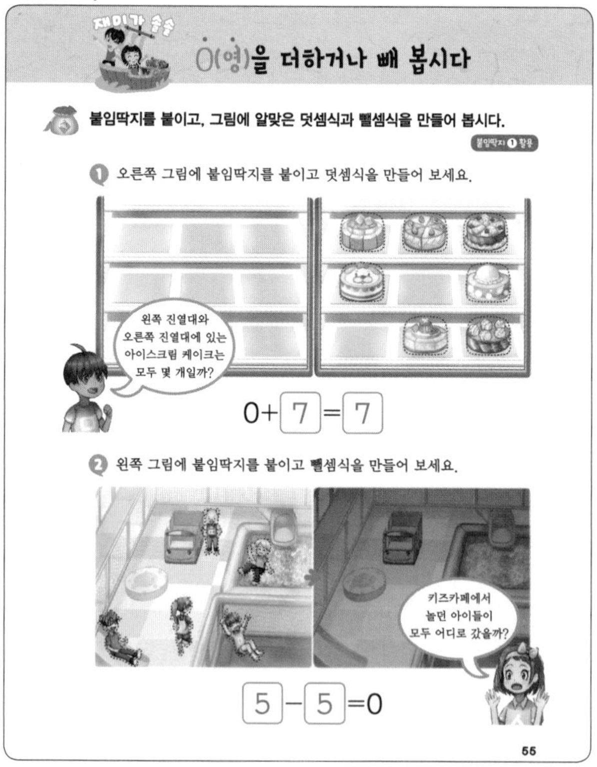

재미가 솔솔

0(영)을 더하거나 빼 봅시다

붙임딱지를 붙이고, 그림에 알맞은 덧셈식과 뺄셈식을 만들어 봅시다.

붙임딱지 1 활용

1. 오른쪽 그림에 붙임딱지를 붙이고 덧셈식을 만들어 보세요.

왼쪽 진열대와 오른쪽 진열대에 있는 아이스크림 케이크는 모두 몇 개일까?

0+[7]=[7]

2. 왼쪽 그림에 붙임딱지를 붙이고 뺄셈식을 만들어 보세요.

키즈카페에서 놀던 아이들이 모두 어디로 갔을까?

[5]−[5]=0

55

덧셈과 뺄셈을 해 봅시다

과자를 색연필로 색칠하고, 과자가 몇 개인지 말해 봅시다.

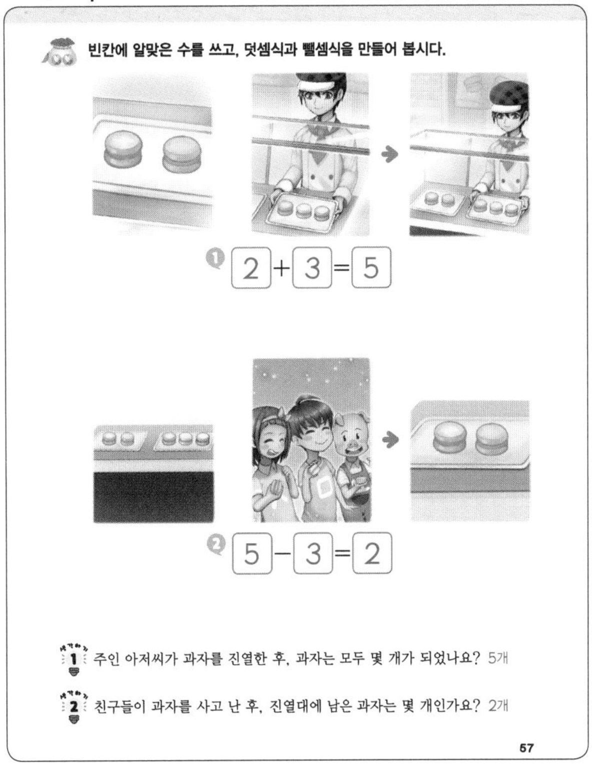

빈칸에 알맞은 수를 쓰고, 덧셈식과 뺄셈식을 만들어 봅시다.

❶ 2 + 3 = 5

❷ 5 - 3 = 2

1 주인 아저씨가 과자를 진열한 후, 과자는 모두 몇 개가 되었나요? 5개

2 친구들이 과자를 사고 난 후, 진열대에 남은 과자는 몇 개인가요? 2개

덧셈과 뺄셈을 해 봅시다

덧셈을 해 봅시다.

❶ 6+0= 6

❷ 6+1= 7

❸ 6+3= 9

❹ 0+3= 3

❺ 1+2= 3

❻ 3+0= 3

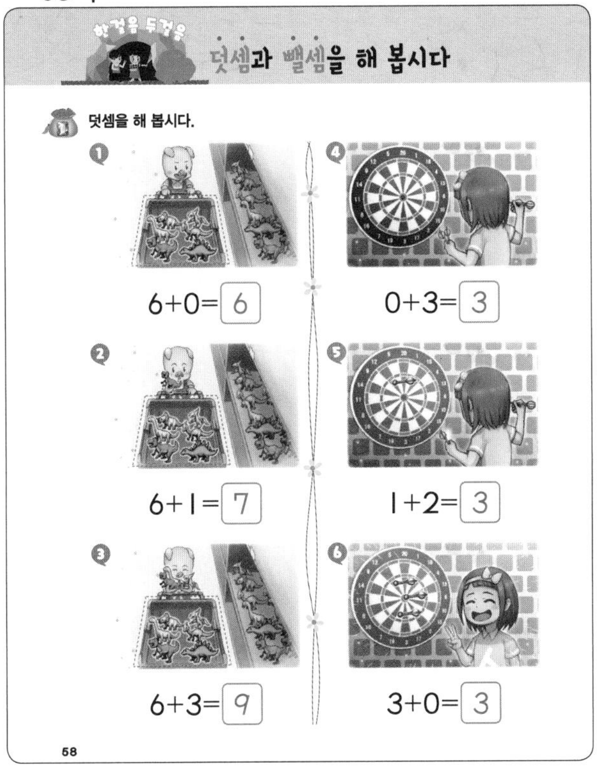

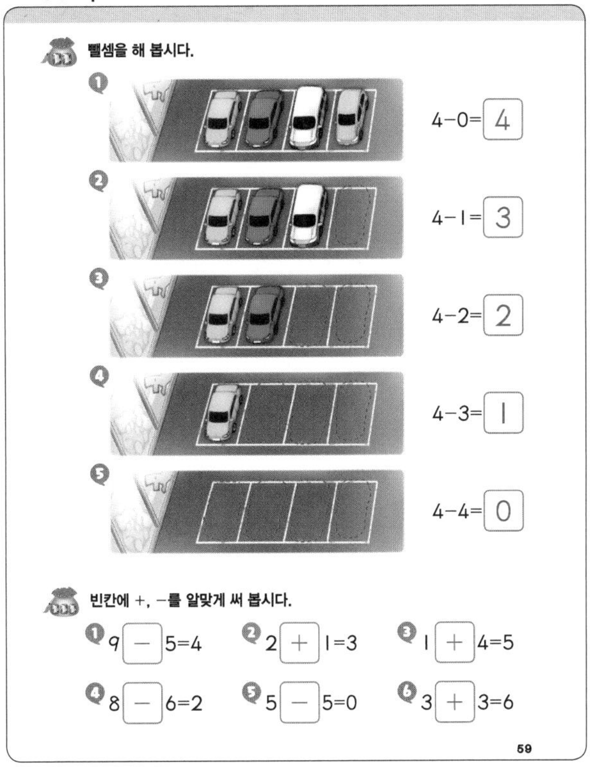

뺄셈을 해 봅시다.

❶ 4-0= 4

❷ 4-1= 3

❸ 4-2= 2

❹ 4-3= 1

❺ 4-4= 0

빈칸에 +, -를 알맞게 써 봅시다.

❶ 9 - 5=4   ❷ 2 + 1=3   ❸ 1 + 4=5

❹ 8 - 6=2   ❺ 5 - 5=0   ❻ 3 + 3=6

60쪽

덧셈과 뺄셈을 해 봅시다

그림에 알맞게 덧셈식과 뺄셈식을 만들어 봅시다.

1 5+2= 7

2 7-3= 4

3 6+ 3 = 9

4 8-2= 6

5 0+ 5 = 5

6 9- 5 = 4

60

61쪽

덧셈과 뺄셈을 해 봅시다

자유롭게 붙임딱지를 붙이고, 그림에 알맞은 덧셈식과 뺄셈식을 만들어 봅시다.

1 가게 진열대와 카트 위에 붙임딱지를 붙이고 덧셈식을 만들어 보세요.

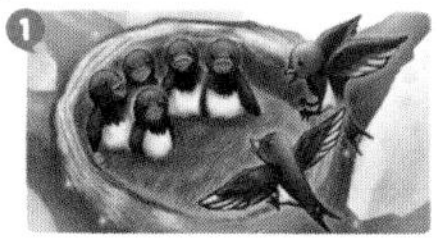

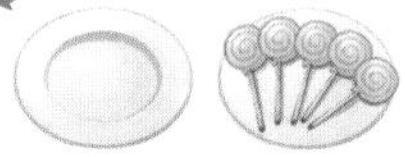

진열대와 카트 위에 있는 장난감은 모두 몇 개지?

5 + 1 = 6

2 가게 진열대 위에 붙임딱지를 붙이고 뺄셈식을 만들어 보세요.

어느 것이 더 많지?

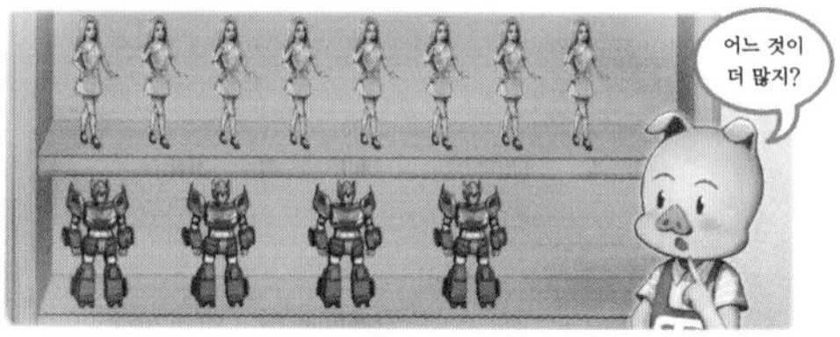

8 - 4 = 4

61

62쪽

1 더하기를 해 봅시다.

1 1+3= 4

2 2+7= 9

3 5+3= 8

4 6+1= 7

5 3+3= 6

6 4+4= 8

7 9+0= 9

8 0+4= 4

9
```
   3
 + 5
   8
```

10
```
   1
 + 8
   9
```

11
```
   4
 + 3
   7
```

12
```
   6
 + 2
   8
```

13
```
   2
 + 2
   4
```

14
```
   3
 + 0
   3
```

62

63쪽

2 빼기를 해 봅시다.

1 3-2= 1

2 8-3= 5

3 5-1= 4

4 7-5= 2

5 7-2= 5

6 6-2= 4

7 9-9= 0

8 4-0= 4

9
```
   9
 - 2
   7
```

10
```
   8
 - 7
   1
```

11
```
   3
 - 1
   2
```

12
```
   4
 - 2
   2
```

13
```
   5
 - 5
   0
```

14
```
   6
 - 0
   6
```

63

붙임딱지 ①

11쪽

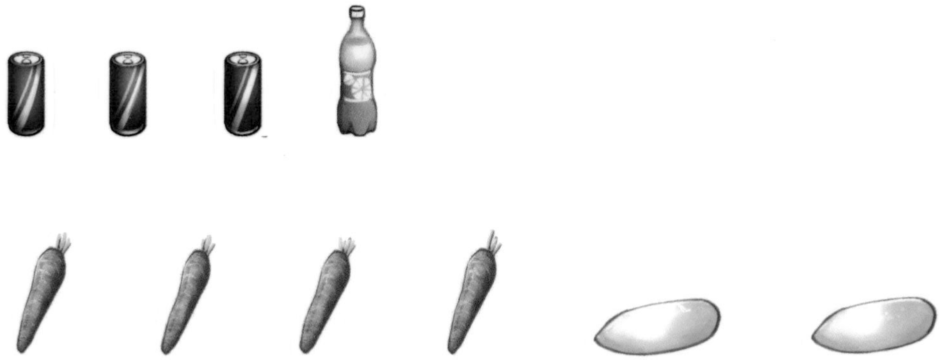

15쪽

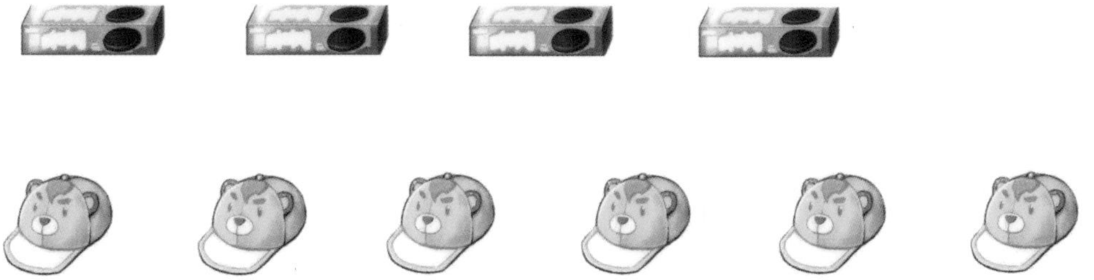

32쪽

55쪽